中国地质大学（北京）教材建设基金资助

中国大地构造学简明教程

万天丰 著

地质出版社
·北京·

内 容 提 要

本教材运用最新的大地构造理论，概述了全球大地构造的演化特征，详细解析了中国大陆各构造单元在不同地质时期的构造变形和演化，包括中亚-蒙古-东北、中朝、扬子、冈瓦纳等构造域，阐述了中国大陆从中生代以来的构造特征与构造应力场变化，包括印支期、燕山期、四川期、华北期和喜马拉雅期等不同阶段的构造演化过程。同时，还探讨了陨石撞击事件与全球板块运动之间的关系，为地球科学的研究提供了新的视角和思路。

本教材适用于地质类本科生教学，同时也可作为从事构造地质、区域地质及找矿、矿产普查与勘探、地震地质、环境地质和灾害地质等领域科研与野外地质工作人员的参考书籍。

图书在版编目（CIP）数据

中国大地构造学简明教程／万天丰著. — 北京：地质出版社，2024.1

ISBN 978-7-116-13958-9

Ⅰ.①中… Ⅱ.①万… Ⅲ.①大地构造学-中国-高等学校-教材 Ⅳ.①P548.2

中国国家版本馆 CIP 数据核字（2023）第 254784 号

责任编辑：	徐 洋 秦 切 张世刚
责任校对：	陈 曦
出版发行：	地质出版社
社址邮编：	北京市海淀区学院路 31 号，100083
电　　话：	（010）66554646（邮购部）；（010）66554469（编辑室）
网　　址：	https：//www.gph.clmpg.com
印　　刷：	河北京平诚乾印刷有限公司
开　　本：	787 mm×1092 mm　1/16
印　　张：	8
字　　数：	206 千字
版　　次：	2024 年 1 月北京第 1 版
印　　次：	2024 年 1 月河北第 1 次印刷
审 图 号：	GS 京（2023）1717 号
定　　价：	40.00 元
书　　号：	ISBN 978-7-116-13958-9

（版权所有·侵权必究；如本书有印装问题，本社负责调换）

序　言

　　大地构造学是每一位地质工作者都应该关注的学问。当代的大地构造学是研究地球岩石圈的组成、结构、运动（含变形和变位）及演化的一门综合性很强的构造地质学分支学科。最初，大地构造学是在1948年由构造地质学家别洛乌索夫等所倡导的，后来得到世界各国学者的认同。现在的大地构造学，实际上主要研究的是大陆和海洋地壳表层深几千米至几万米之内岩石圈的物质组成、结构构造、应力场变化，板块的形成、运移和历史演化。因而，至今还只能初步研究地球表层附近的岩石圈构造，还不能很有把握地详细研究整个地球。随着最近几十年来地球物理学和地球化学新研究方法和技术的引入，大地构造学正在逐渐扩展其研究的深度、广度与时间尺度。

　　大地构造学的重点研究课题是岩石圈的变形与变位。应该强调的是：我们不能仅仅只研究构造变形，还必须研究其构造变位（水平方向上的和垂直方向上的位移），并利用各种岩石建造（沉积岩、岩浆岩和变质岩）和改造（不同时期的构造变形与变位）的特征进行综合分析与研究，才能进一步解决矿床地质、水文地质、工程地质与环境地质等社会所急需的地球上部的各种实际应用课题。

　　笔者在1954—1958年作为北京地质学院（中国地质大学前身）地质学专业本科学生，受过严格的训练，在大学期间，老师规定学生必须认真阅读各种不同比例尺和各种地质演化特征的地质图，根据地质图及其所述的简要文字说明，弄清该地区在各个地质时代构造变形的特征及其相关的演化历史，从而写出一篇短文。这种强化基本功的训练，使笔者在以后从事区域地质调查、找矿和进行构造地质研究时颇有帮助。

　　本教材仅仅是在有限的学时内，与同学们一起概略讨论有关中国大地构造学问题，只介绍中国大地构造学中的一些重要的内容。笔者与中国地质大学（北京）构造地质教研室的朱鸿、曹秀华等老师一起，经过十几年的努力，不断地系统收集和学习了全国比例尺为1∶20万区域地质图及其构造变形和演化的实际资料，以及古构造应力场的资料。这些地质图的编制，是全国十几万名地质工作者，在中华人民共和国成立以后的近50多年内，一步一个脚印地认真观察和扎实研究而完成的（每2 km为一条观测路线）。这些区域地质图件都是彩色胶版印刷的，与许多国家航空测量的地质图相比，我国区域地质图件的质量很高,也很精致。笔者正是充分利用了这些宝贵的地质构造图件资料,才能有根据地、比较可靠地讨论中国大地构造学的问题,并编制出全国各地质年代的地质构造图件。各省(市、区)编制的区域地质调查报告与地质志,则由于在不同时期受到国内不同学派的思想以及专家们很多不同观点的影响和制约,研究内容与学术水平的差异很大,因而,这些文字报告的参考价值就明显地具有局限性,对此读者应客观地予以鉴别使用。

在此,笔者建议同学们在系统研究工作区的基础地质构造资料之后,还必须放眼全国、亚洲,甚至全球,这样才有可能更正确、更全面地认识中国以及世界各地区的大地构造演化,以利于解决我国与其他国家和地区的地质找矿和各种实际应用课题,从而才能较快地取得比较正确的和客观的认识。在此,笔者建议:今后在国内从事地质找矿勘探工作和相关课题研究时,如有必要,可参阅《中国大地构造学》(万天丰,2011;Wan,2011)内较详尽的地质资料。而在亚洲从事地质工作时,可参阅《亚洲大地构造学与大型矿床》(万天丰,2018;Wan,2020)内的资料。进一步研究这些地质资料,有助于大家更客观地认识区域大地构造演化的特征。

任何一种孤立地研究某一地区地质构造的方法,常常容易得到一些很片面的有时甚至是相当错误的结论。我们必须认真吸取老一辈不同学派的地质学家曾经遇到的众多难题和教训,决不盲从,要努力开拓我们的思路,客观地、定量地进行研究,应该点面结合、时空结合、深浅结合地系统研究不同时期的区域地质构造的演化及其相关的成矿作用和其他应用课题。

当前,在国内外大地构造学教学的理论体系中,有四种类型:①以区域地质构造特征为主线;②以构造样式为主线;③以构造解析方法为主线;④以构造演化历史为主线。这些不同的研究思路和论述,各有所长,在应用时需谨慎地选择或借鉴。

区域地质学是大地构造学的基础。我国早年的大地构造学就是在区域地质学的基础上发展起来的。例如,北京地质学院(中国地质大学的前身)区域地质教研室在1963年出版的《中国区域地质》,以及后来杨森楠和杨巍然(1985)所编著的《中国区域大地构造学》,实际上都是以区域地质学资料为基础来讨论大地构造学的,然而其学术研究的思想基本上仍属于槽台假说。马文璞(1992)主编的《区域构造解析:方法理论和中国板块构造》着重介绍了板块构造学说的新术语和新的研究方法。然而,他对中国板块构造的特征与演化问题则论述得过于简略。程裕淇(1994)主编的《中国区域地质概论》(Cheng,2000)和车自成等(2002)编著的《中国及邻区区域大地构造》都主要论述了全国各地区域地质特征,而对中国大陆总体的构造特征与区域构造演化研究方面就显得薄弱了一些。另外,他们的研究思路也还没有完全摆脱过去槽台假说的影响。

近年来，葛肖虹和马文璞（2014）编著的《中国区域大地构造学教程》，资料相当丰富，既论述了区域构造解析的方法与原理，又详述了中国区域构造特征；既吸收了板块构造学说的某些观点，也保留了槽台假说的许多认识和术语。

现在笔者所著的这本简明教程是依据高等学校地质类本科高年级教学需求而编写的，以帮助同学们简明扼要地认识中国大地构造的主要特征，较系统地了解中国大地构造的演化，为同学们今后在从事地质工作时，能够开阔眼界，避免思路狭窄。

尽管笔者在本书中以现代最新的大地构造理论和观点概略地介绍了中国大地构造的主要演化特征，难免还会存在不少的错误或缺漏。在此，笔者热忱地欢迎广大师生在阅读和使用本教材以后，能提出宝贵的意见和建议，以利于笔者能够不断地修正错误，更好地去探索大地构造学的科学真理。

笔者

2023年6月

目　　录

第一章　概述全球大地构造演化 ··· 1
一、全球岩石圈板块的分布与演化 ··· 1
二、槽台假说与板块构造学说的异同 ······································· 6
三、板块构造学说的创立与发展 ··· 15
四、关于地幔羽和岩石圈板块的运移 ······································· 19

第二章　中国大陆北部中亚-蒙古-东北构造域 ····························· 24
一、阿尔泰-蒙古中部-海拉尔早古生代增生碰撞带（541~419 Ma） ············· 24
二、巴尔喀什-天山地区晚古生代碰撞带（385~270 Ma） ····················· 26
三、准噶尔地块（自 1 400 Ma） ·· 27
四、完达山侏罗纪碰撞带（170~135 Ma） ·································· 30

第三章　中朝板块构造域 ·· 31
一、中朝板块（自 1 800 Ma） ·· 31
二、阿拉善-敦煌地块（自 1 800 Ma） ····································· 34
三、祁连山早古生代碰撞带（540~390 Ma） ································ 36
四、柴达木地块（自 1 800 Ma） ·· 36
五、阿尔金山早古生代左行走滑-碰撞带（543~397 Ma） ····················· 37
六、塔里木地块（自 1 800 Ma） ·· 37
七、塔里木中部新元古代碰撞带（约 800 Ma） ······························ 39

第四章　扬子板块构造域 ·· 40
一、扬子-日本西南板块（自 800 Ma） ····································· 42
二、秦岭-大别-胶南-日本飞驒外带三叠纪碰撞带（250~210 Ma） ·············· 44
三、皖南-赣东北-雪峰山-滇东新元古代碰撞带（约 800 Ma） ·················· 47
四、绍兴-十万大山中三叠世碰撞带（240~228 Ma） ························· 47
五、华夏板块（自 400 Ma） ··· 48

六、东昆仑山-巴颜喀拉山构造带（约 203 Ma） ················· 52
　　七、金沙江-红河三叠纪碰撞带（252~201 Ma） ················· 53
　　八、东兴都库什-北羌塘-印支板块（自 800 Ma） ················· 54
　　九、中国南海新生代断陷盆地（自 65 Ma） ····················· 56
　　十、巴拉望-沙捞越-曾母暗沙地块（65 Ma） ···················· 59

第五章　冈瓦纳构造域 ·· 61
　　一、双湖三叠纪碰撞带（230~210 Ma） ························ 61
　　二、昌宁-孟连-泰国清莱-中马来三叠纪碰撞带（230~210 Ma） ······ 61
　　三、南羌塘-中缅马苏地块（自 500 Ma） ······················· 63
　　四、班公错-怒江-曼德勒-普吉-巴里散北缘白垩纪碰撞带（100~66 Ma）··· 64
　　五、冈底斯地块（自 500 Ma） ······························· 65
　　六、雅鲁藏布-密支那古近纪晚期碰撞带（33.7~23.5 Ma） ········· 65
　　七、喜马拉雅地块（23.5~16.8 Ma） ·························· 67
　　八、青藏高原地块 ······································· 68

第六章　中国中、新生代板内构造变形 ····································· 74
　　一、印支期构造演化（228~200 Ma） ·························· 74
　　二、燕山期构造演化（200~135 Ma） ·························· 76
　　三、四川期构造演化（135~56 Ma） ··························· 79
　　四、华北期构造演化（56~23 Ma） ····························· 81
　　五、喜马拉雅期构造演化（23~0.78 Ma） ······················· 83
　　六、新构造期（自 0.78 Ma）及中国大陆岩石圈构造特征 ··········· 83

第七章　中生代以来的陨击事件与全球板块的运移 ·························· 88

参考文献 ·· 93

结束语 ·· 119

第一章　概述全球大地构造演化

为了更好地认识中国大地构造的演化，首先需要概略了解一下全球大地构造演化的主要特征；因为中国大陆板块只是全球大地构造演化中的一个相当有限的部分。

由于地质和地球物理研究技术方法的局限性，越是早期的地球演化对于岩石圈板块运移与位置的认识，其推断的成分越多，因而可靠性也较差。始太古代到新太古代（4 000～2 500 Ma）的构造研究方法，基本上是在构造-岩石单位研究的基础上，以构造-热事件为依据来进行构造事件序列的推断，并按照地层走向大致定位的。在此研究过程中，稳定与非稳定同位素地球化学的研究，以及构造类比方法发挥了主要的作用。因而，总的来说，其推断的成分比较多（Kröner and Greiling，1984），仅能供参考。

一、全球岩石圈板块的分布与演化

中国大陆太古宙各个构造时期和构造-热事件的名称，与国际地层表对比，按照程裕淇（1994）的意见，统一以各个代表性地点来命名：古太古代（Paleoarchean，PA，3 600～3 200 Ma）构造时期称为迁西期，中太古代（Mesoarchean，MA，3 200～2 800 Ma）构造时期称为阜平期，新太古代（Neoarchean，NA，2 800～2 500 Ma）构造时期称为五台期。

不过，在太古宙—元古宙中国大陆和其他大陆到底是位于地球上的什么部位，由于古老的地磁场很微弱，至今还没有学者能有把握地用古地磁的研究成果来获得各地块可靠的定位资料。本书暂时按现代的位置来展示中国大陆太古宙（AR）与古元古代（Pt$_1$）可能的构造格架（图1-1）。

从中元古代早期（1 600 Ma前）开始，学者们推测哥伦比亚大陆开始发生裂解（侯贵廷，2012；图1-2）；中元古代中晚期则进一步裂解（侯贵廷，2012；图1-3）。对于各地块的位置，学者们是根据地块的形状和变质岩系地层走向的延续特征来推断的。可以推测陆块群的中央可能是一个垂直撞击的巨大陨击坑，导致地幔物质的上涌和许多地块向四周散开，从而造成各地块放射状的裂解和运移。不过对于此时期，各国研究者都无法利用十分微弱的磁场强度数据来进行地块的可靠定位，其干扰因素太多，古地磁资料具有多解性，因而难以将全球各陆块进行可靠的定位。

对于新元古代早期（罗迪尼亚时期，1 000～750 Ma 以前；图1-4），Hoffman（1991）、

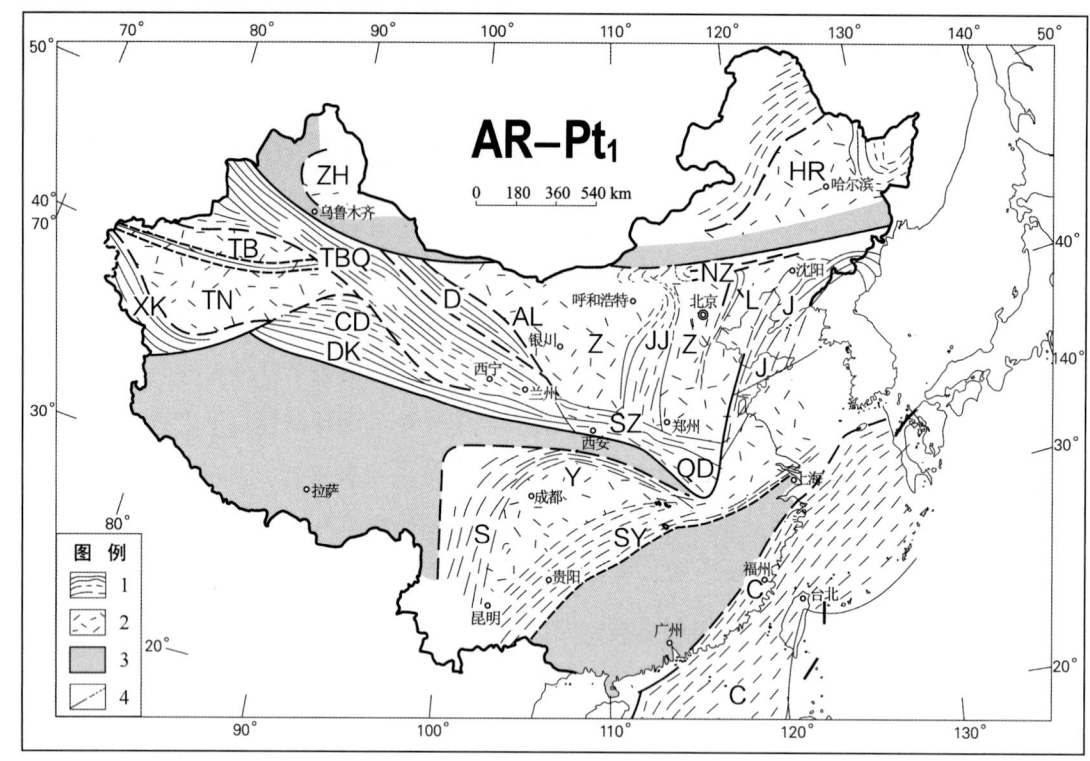

图 1-1 中国大陆太古宙与古元古代构造格架

(据白瑾等,1996,修改补充)

图例：1—古元古代构造活动带与碰撞带；2—太古宙克拉通；3—推断的洋壳；4—构造区划界线。**构造单元**：中朝构造域（Z—中朝板块的主体部分，J—胶辽活动带，L—青滦活动带，JJ—晋冀裂陷带，NZ—中朝北缘增生带，SZ—中朝南缘增生带，AL—阿拉善地块，TB—北塔里木地块，TN—南塔里木地块，D—敦煌-龙首山碰撞带，TBQ—天山-北山-祁连山碰撞带，CD—柴达木碰撞带，XK—西昆仑-阿尔金碰撞带，DK—东昆仑边缘增生带）；扬子构造域（Y—扬子板块的主体部分，S—川南-滇东边缘增生带，SY—扬子南缘增生带，QD—秦岭-大别-胶南地块）；HR—哈尔滨地块；ZH—准噶尔地块；C—华夏构造活动带

Dalziel (1997) 和陆松年 (2001) 都根据地块内变质岩地层的走向，将可能相邻的地块进行了推断性的摆放。上述三位学者中的前两位学者的古大陆复原图（图1-4的左图和中图）都没能将中国大陆的主要地块放入其中（图1-4）。

根据白瑾等（1996）、刘宝珺等（1994）和万天丰（2011）的资料，修改了中国大陆 1 800~850 Ma 时期的古大陆位置和特征，暂时还没有资料能有把握地进行古陆块复原与定位，因而只按照地块现在的分布状态和形状来摆放和进行区域划分（图1-5）。

对于古生代以来全球古大陆的分布状况，根据比较可信的古地磁观测资料，Scotese（1994）最早编制了一系列全球古大陆分布复原图，在他编制的图件内展示了各地质时期的板块构造活动位置与古大陆再造概况。他的划分方案和地块的古纬度定位准确度较高

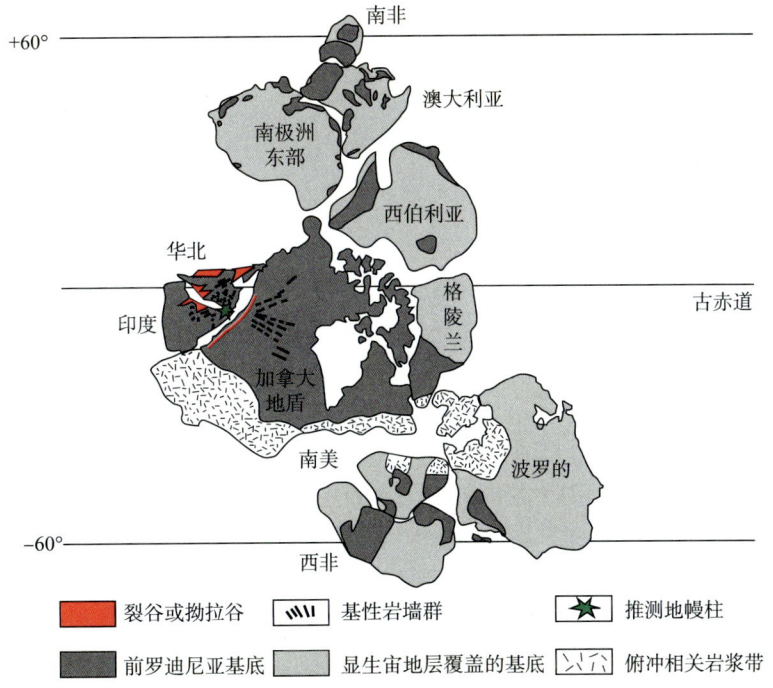

图 1-2　哥伦比亚大陆裂解初期（中元古代早期）的构造再造图
（据侯贵廷，2012）

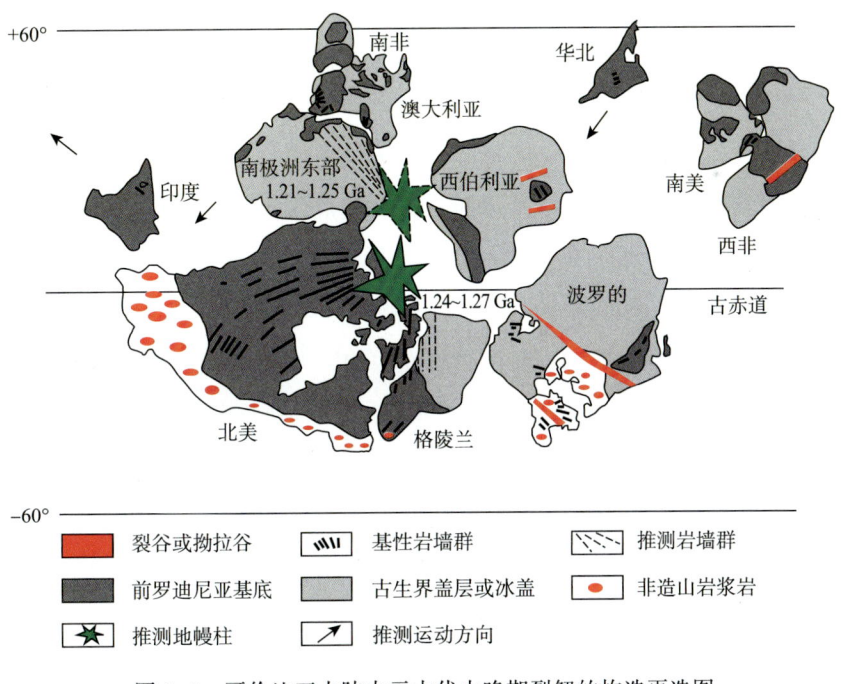

图 1-3　哥伦比亚大陆中元古代中晚期裂解的构造再造图
（据侯贵廷，2012）

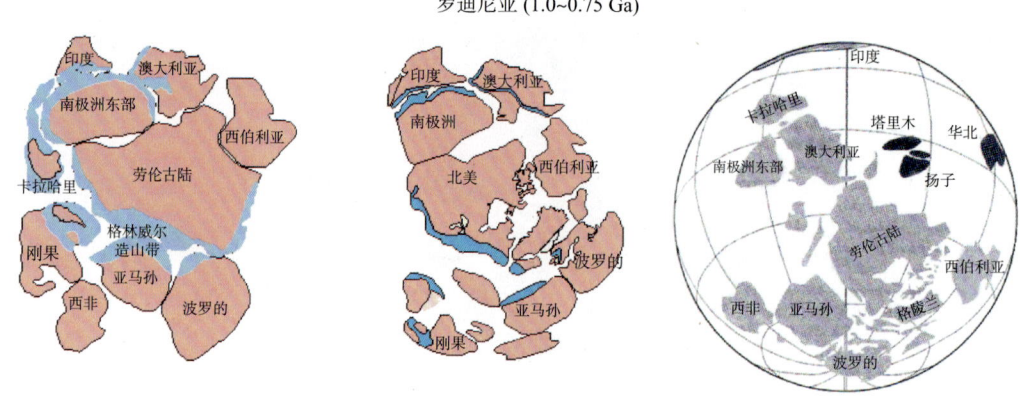

图 1-4　新元古代早期罗迪尼亚古大陆复原图

左图为 Hoffman（1991）的推断；中图为 Dalziel（1997）的推断；右图为陆松年（2001）的推断

（图 1-6 至图 1-16），但在各地块的经度位置上，只能是以人为的因素和相邻的地质特征来大致定位。至于中国各个陆块的位置，利用我国国内许多较可靠的古地磁资料在 Scotese 图件框架下进行了一些必要的补充和修正［在大的框架上，按照 Scotese（1994）及其网站的成果，展示万天丰和朱鸿（2007）补充后的成果］。

从上述全球古生代到中新世以来一系列古大陆的复原图件中（图 1-6 至图 1-16）可以看出，全球各大板块的分布与运移并不是很有规律的，各时期各个板块的运移特征和方向也都不大相同，不是由一个向上运移的地幔柱所造成的，也不是由大洋扩张所派生的。古生代早期（泥盆纪以前），各板块大体上主要是聚集在南半球，并大致呈近东西向展布的特征；中生代以后，各大陆板块才逐渐从南半球向北运移散布到全球，并缓慢地扩展到以北半球为主的分布状态。三叠纪末期发生在非洲西北部的巨大陨击事件导致岩浆物质上隆（其位置在图 1-12 内的红色圆圈）使潘基亚大陆开始裂解，从而使非洲大陆与南、北美洲分离，并逐渐形成了大西洋。而到早白垩世，在南极洲发生的巨大陨击事件则使全球几乎所有大陆都以不同的速度在向北运移（图 1-14），并使它们的多数板块逐渐聚集到了北半球，以致最后使各大陆板块基本上都逐渐趋向于现代的分布状态（图 1-16）。

从现在已知的古大陆的分布状况与变化来看，很难用某种固定的地幔对流和上隆，或由某个地幔羽来带动岩石圈板块在各个地质时期发生非常不规则的分布与运移。现在看来，可能性最大的原因是由于不同时期大小不等的巨大陨石在不同地点、以不同的角度和方向随机撞击地球，从而诱发全球各岩石圈板块在不同时期发生不同方向的、不同速度的运移。

在太阳系形成后，每当太阳系穿越星际物质比较密集的银道面时（约 33 Ma），太阳系

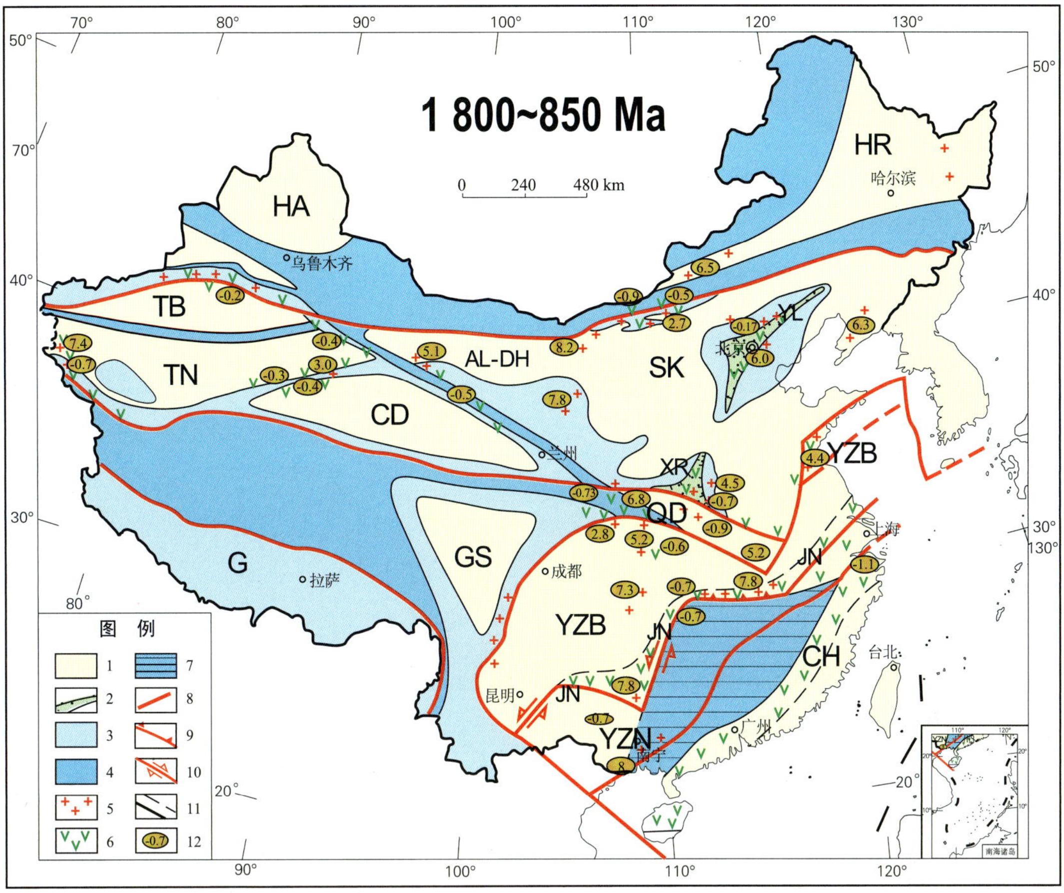

图1-5 中国大陆中新元古代（1 800~850 Ma）构造略图
（据白瑾等，1996；刘宝珺等，1994；万天丰，2011；修改补充）

图例：1—古陆剥蚀区；2—裂陷槽；3—浅海凹陷、沉积带；4—洋壳；5—花岗岩侵入体；6—中酸性火山岩与岛弧；7—大陆斜坡浊积层沉积区；8—板块分界线（含古大洋分布区）；9—俯冲带（含蛇绿岩带）；10—走滑断层；11—构造区界线；12—板块运移速度，"-"为扩张速度，其余的均为缩短速度，单位：cm/a［原始数据详见万天丰（2011）附录5-1］。**构造单元**：中亚-蒙古构造域（HA—哈萨克-阿尔泰地块群，HR—哈尔滨地块）；中朝构造域［TB—北塔里木地块，TN—南塔里木地块，CD—古柴达木地块，SK—古中朝板块，包括华北、朝鲜半岛、燕辽裂陷槽（YL）、熊耳裂陷槽（XR）和阿拉善-敦煌（AL-DH）等构造单元］；扬子构造域［YZB—北扬子板块，YZN—南扬子板块，GS—古甘孜-松潘板块，CH—华夏板块，QD—秦岭-大别地块群，JN—江南新元古代碰撞带（皖南-赣东北-九岭-雪峰山-滇东）］；在南扬子板块（YZN）与华夏板块（CH）之间，此时为洋壳，而在三叠纪时期，则构成绍兴-十万大山碰撞带；冈瓦纳构造域（G—羌塘、冈底斯和喜马拉雅等地块）。此时所有的中国大陆各地块均位于南半球的古特提斯洋内。

内的小行星群最容易发生失稳现象，改变运行轨道，从而使它们能经常撞击位于其内侧的火星、地球和月球，其影响是十分重要的，绝对不可忽视的（即在夜间晴空的旷野里，常见的流星进入大气的电离层后，小行星被烧毁的景象）。较大的小行星就没有被完全烧毁，从而撞击到月球、地球与火星表面，从而使之在地球、月球和火星上形成了数以万计的陨击

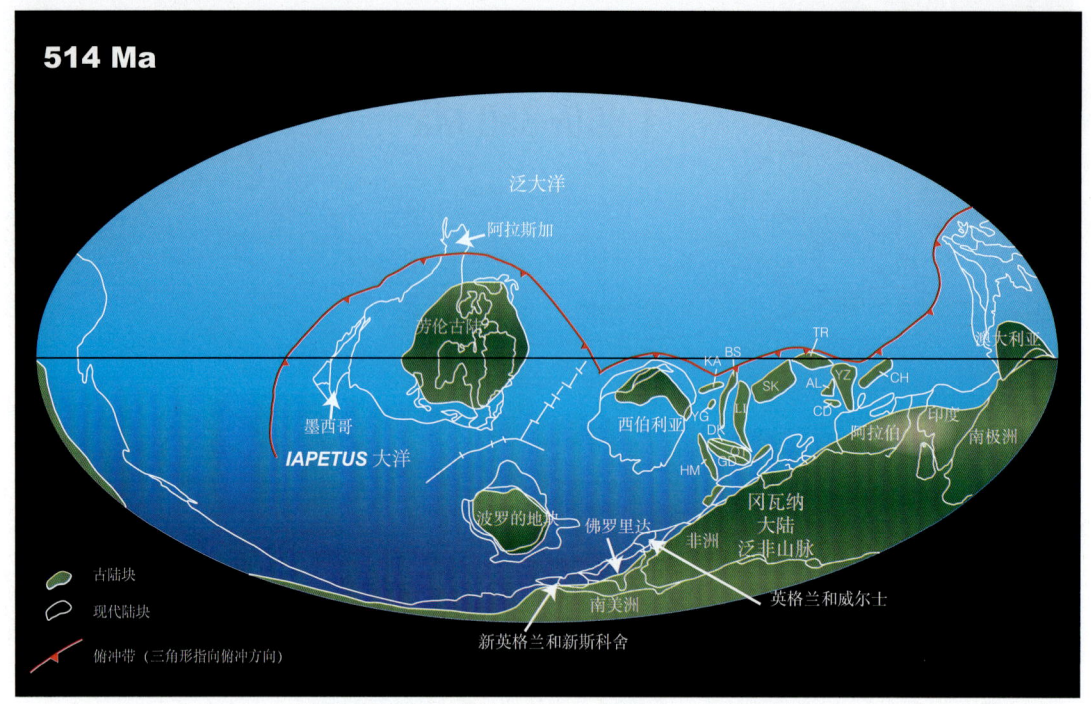

图 1-6　早寒武世（514 Ma）全球古大陆复原图
（据 Scotese，1994 及其网站，经万天丰和朱鸿（2007）修改）

图内各地块代号及附近板块的古地磁数据，详见万天丰（2011）附录 6。AL—阿拉善地块；BS—保山-中缅马苏地块；CH—华夏板块；GD—冈底斯地块；HM—喜马拉雅地块；JG—准噶尔地块；DK—东昆仑地块；KA—卡拉库姆-土兰地块；LI—兰坪-思茅-印支板块；CD—柴达木地块；SK—中朝板块；TR—塔里木地块；YG—雅干地块；YZ—扬子板块

坑。在地球表面的卫星影像图上，均可清晰地观测到大量的环形构造，其实它们就是古陨击坑被后期岩浆活动所侵位，或者被后期沉积物所充填和掩埋的结果。当整个太阳系穿越星际物质相当密集的银道面时，引力场就一定会发生巨大的变化，致使小行星极易脱离原有运行轨道，向其内侧撞击地球、月球和火星，从而在它们表面形成了数以万计的陨击坑，破坏了它们的岩石圈表层，并可以使其板块表层发生缓慢的不同方向的运移。

二、槽台假说与板块构造学说的异同

地槽地台假说（简称槽台假说）是近 100 多年来，在大地构造学假说中影响最大的一种学术思想。1857 年美国地质学家霍尔在论述北美洲阿巴拉契亚山脉地质构造演化史的专著中，最早提出了"地槽假说"，他认为地壳运动主要是受垂直运动控制，此升彼降，造成振荡运动，而水平运动则是其派生的或次要的、运移量较小的现象；其驱动力则主要是地球物质的重力分异作用，热胀冷缩，热地壳上升造成隆起，冷地壳下降造成凹陷。主要的构造单元有地槽和地台两类（表 1-1）：

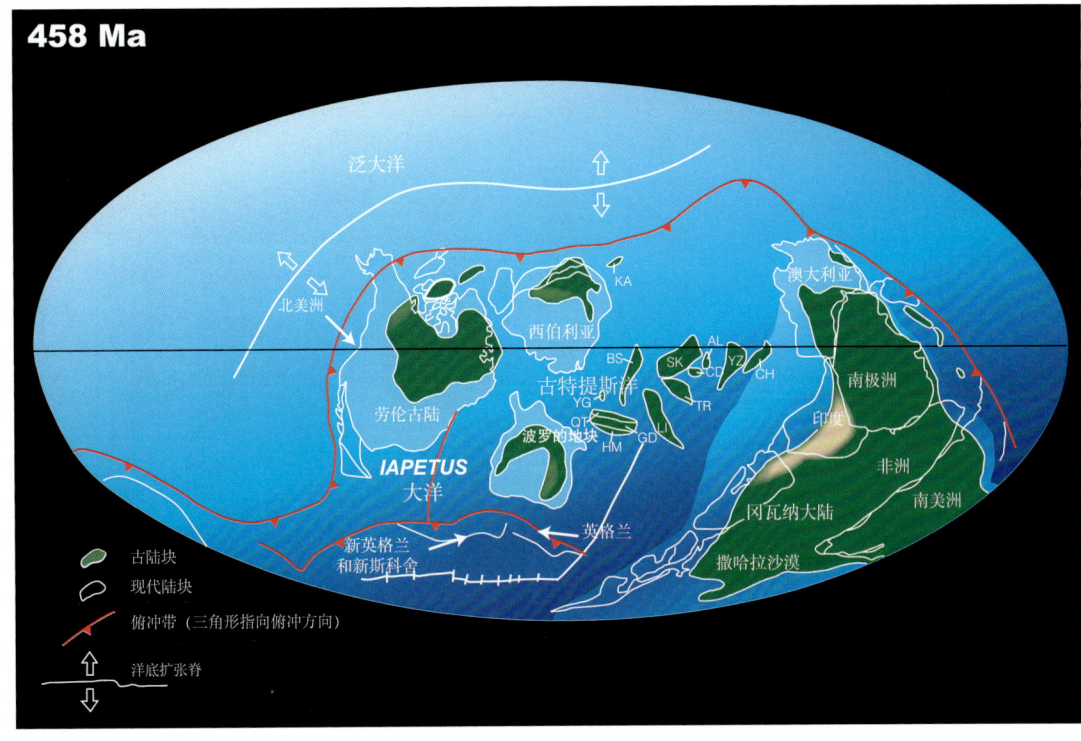

图 1-7　中奥陶世（458 Ma）全球古大陆复原图
QT—羌塘地块；其他图注同图 1-6

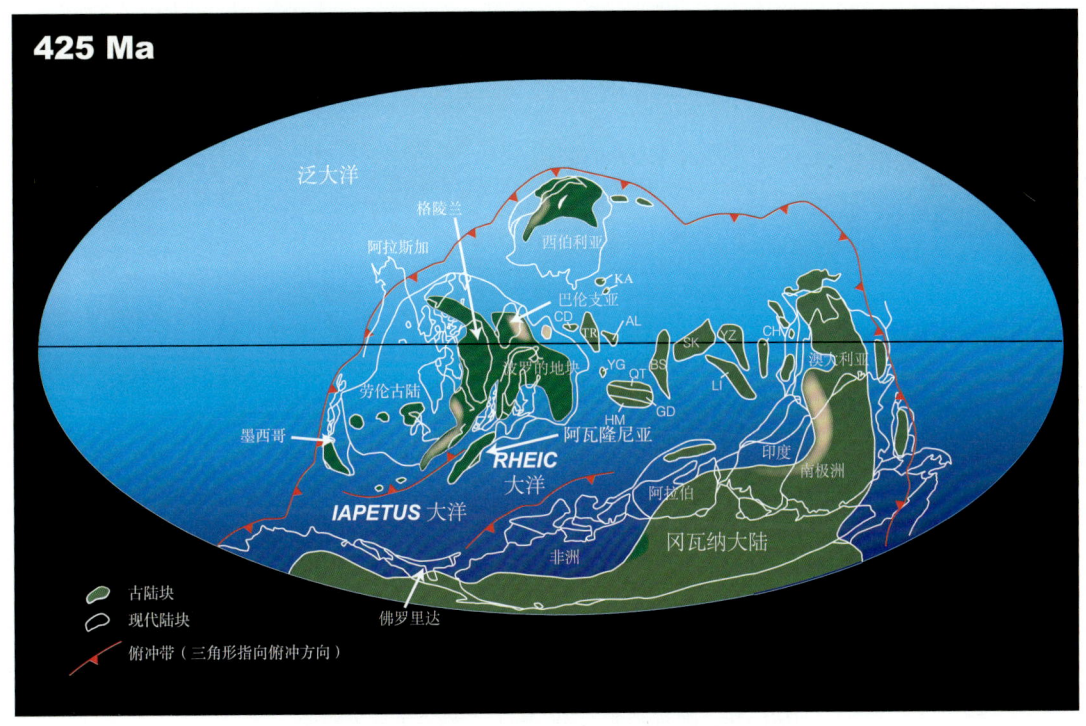

图 1-8　中志留世（425 Ma）全球古大陆复原图
QT—羌塘地块；其他图注同图 1-6

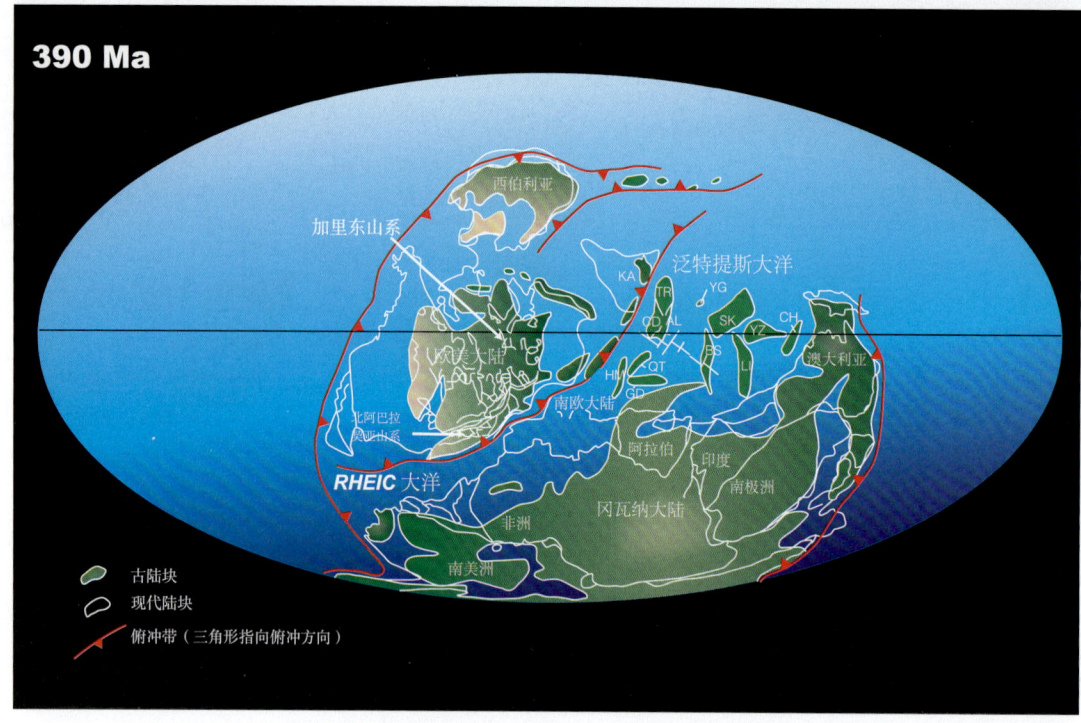

图 1-9　早泥盆世（390 Ma）全球古大陆复原图
QT—羌塘地块；其他图注同图 1-6

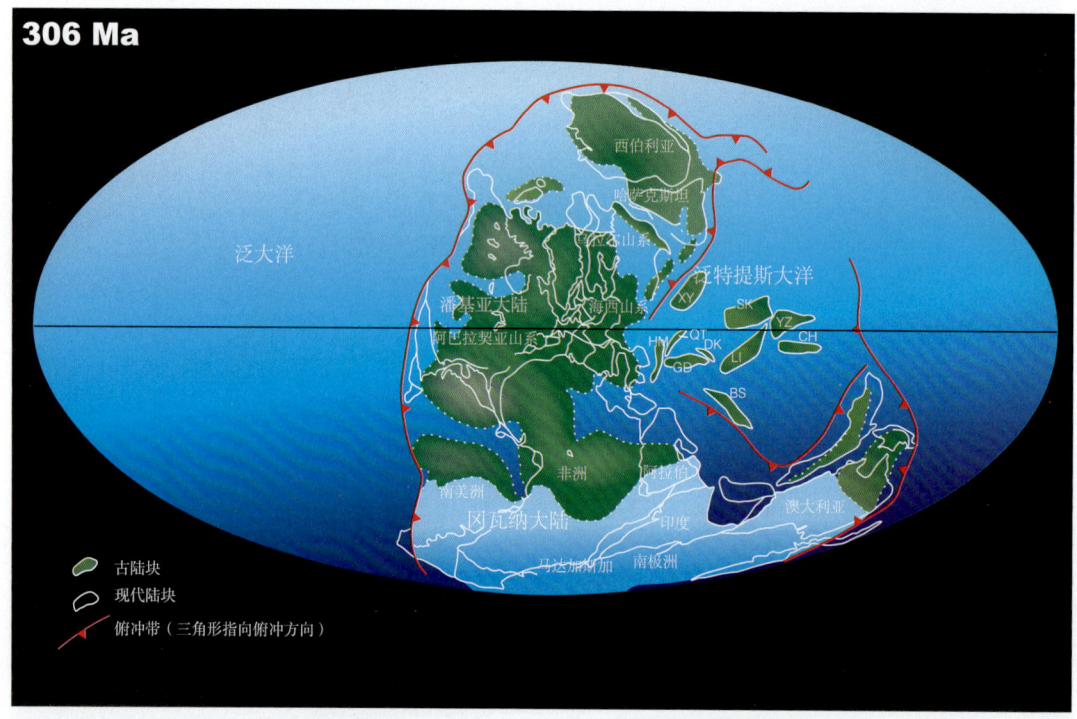

图 1-10　晚石炭世（306 Ma）全球古大陆复原图
QT—羌塘地块；XY—西域板块；其他图注同图 1-6

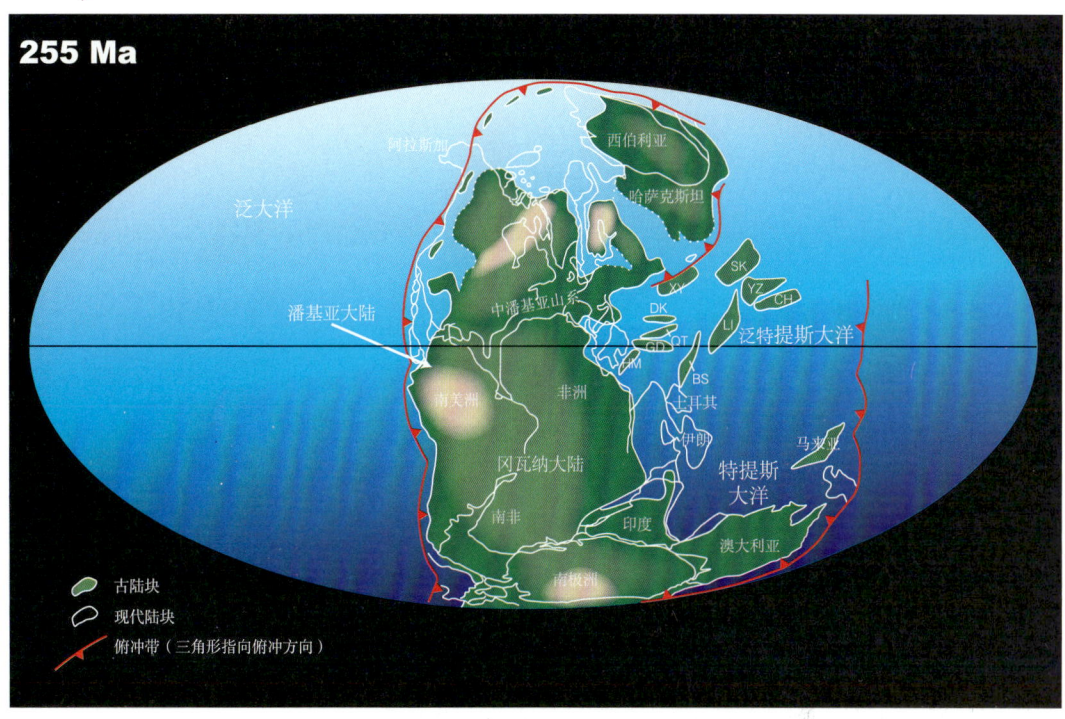

图 1-11　晚二叠世（255 Ma）全球古大陆复原图
QT—羌塘地块；XY—西域板块；其他图注同图 1-6

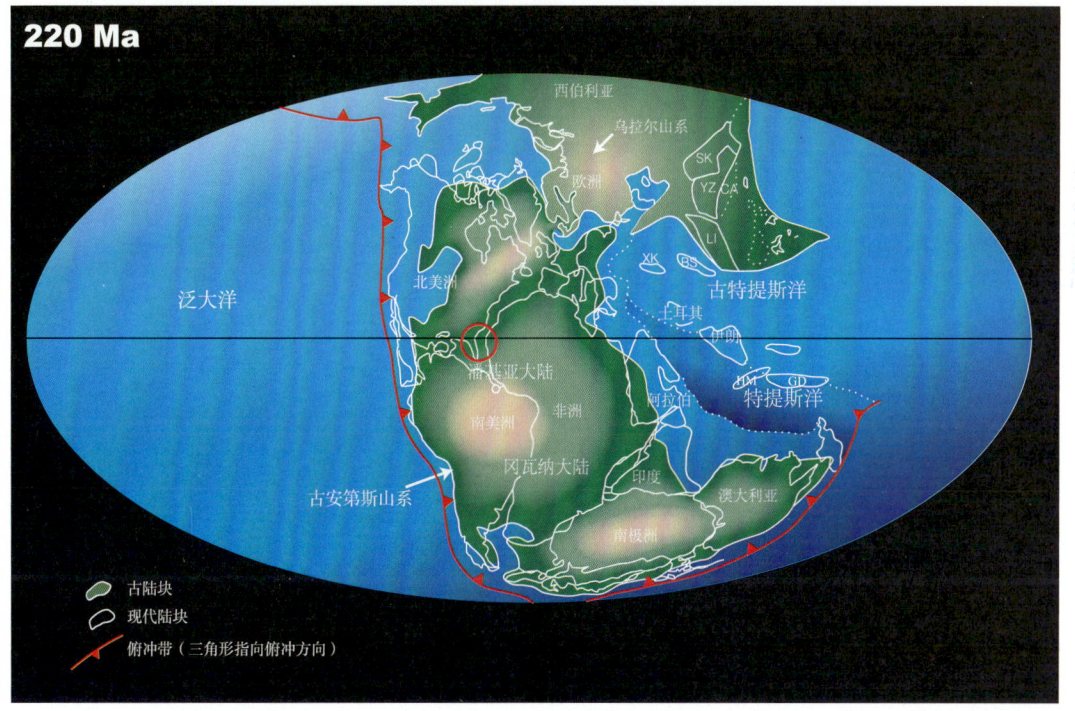

图 1-12　中三叠世（220 Ma）全球古大陆复原图
图内红色圆圈为潘基亚（Pengea）古大陆在非洲西北部以非洲西部为中心开始裂解。对此现象，多数学者都认为它是由巨大陨石撞击作用造成巨大的陨击坑，诱发岩浆上涌，使地壳产生放射状的张裂，从而导致潘基亚大陆板块的裂解，以致在非洲、南美洲与北美洲形成放射状分布的岩墙群，并开始形成古大西洋的雏形。XK—西昆仑地块；其他图注同图 1-6

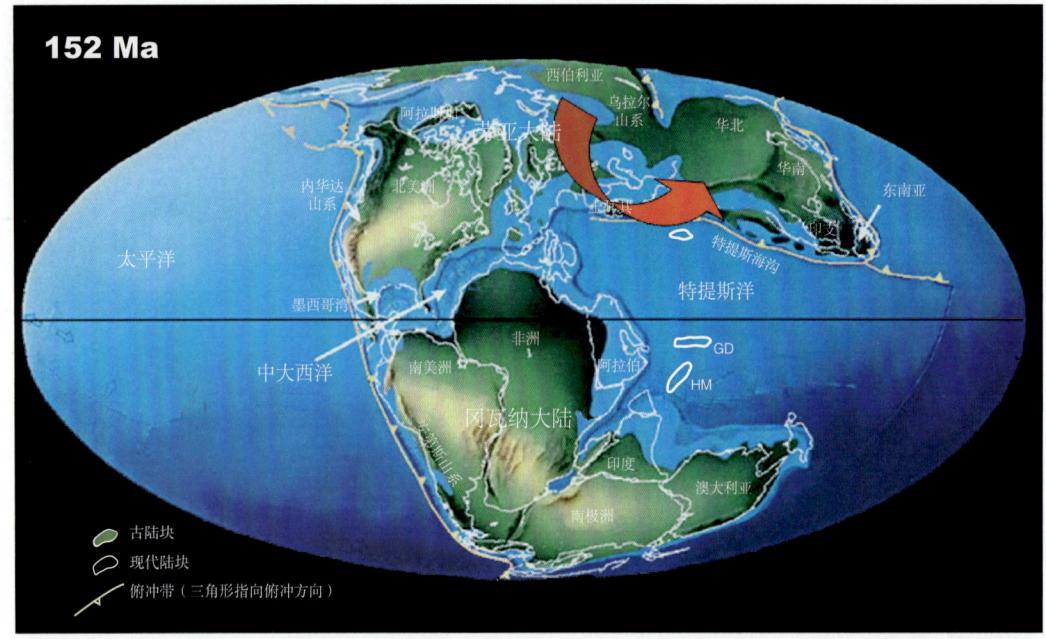

图 1-13 晚侏罗世（152 Ma）全球古大陆复原图

大红箭头指示了亚洲大陆板块的逆时针转动方向，这显然是特提斯洋（Tethys Ocean）向东北扩张和运移所派生和北美阿拉斯加地块向西运移所派生的结果

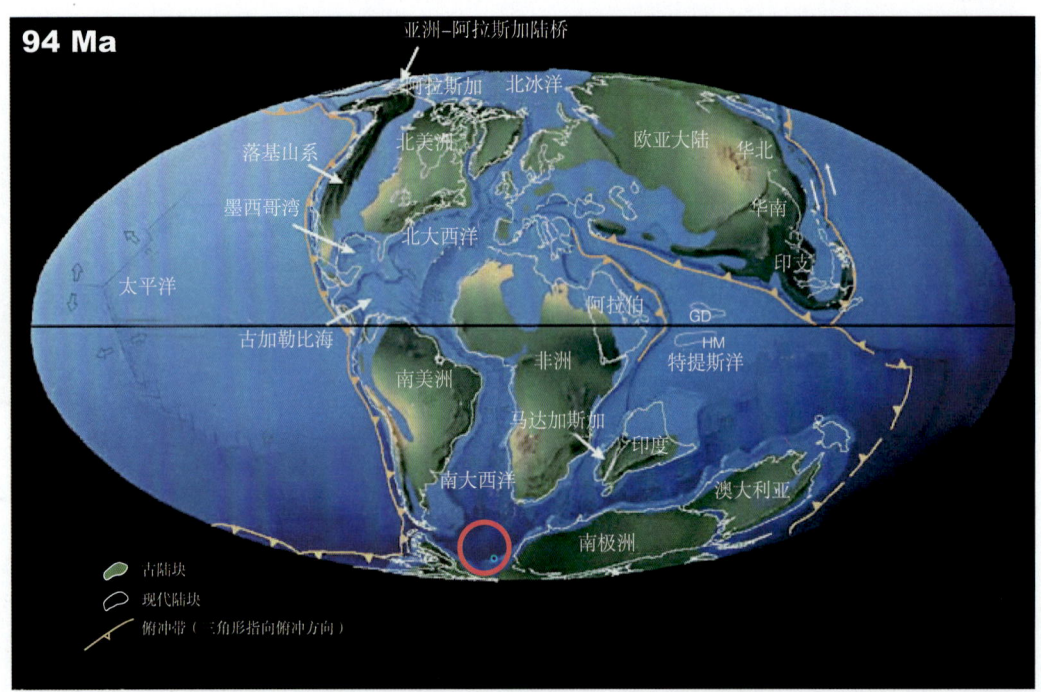

图 1-14 晚白垩世（94 Ma）全球古大陆复原图

红色圆圈为潘基亚大陆的裂解中心，可能是南极洲附近的巨大陨石撞击事件所派生的，从而引起全球各板块普遍向北运移，多数板块向北运移速度约为 2 cm/a，而印度板块则可达到 18~20 cm/a，这可能与陨石撞击方向是呈低角度、斜着向北、直指印度板块撞击的结果（含印度洋地区，印度大陆虽小，但包括了整个印度洋板块，面积就很大），使整个印度板块以较快的速度运移到亚洲大陆南缘，以致最后在新生代晚期与亚欧大陆碰撞，形成喜马拉雅山脉。而非洲板块和南美洲向北的运移速度则明显小得多（2 cm/a），所以，至今在欧洲与非洲之间以及南北美洲之间仍旧残留着地中海和加勒比海

第一章 概述全球大地构造演化

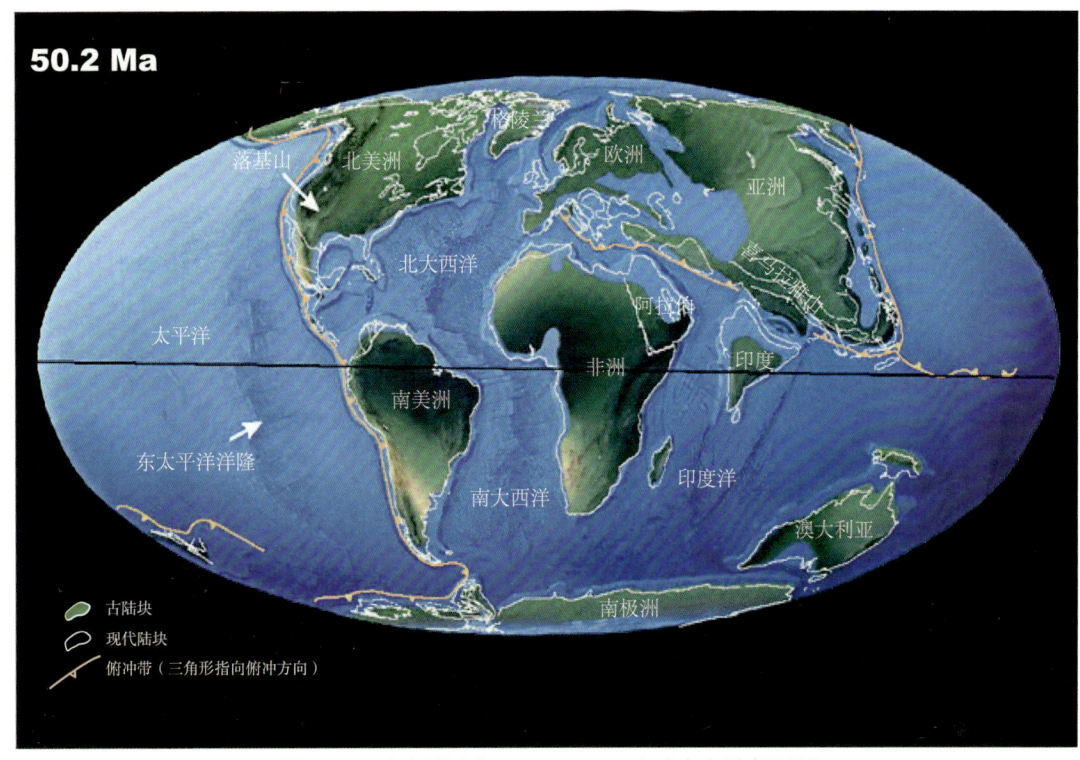

图 1-15 古新世中期（50.2 Ma）全球古大陆复原图
全球各大陆地块的分布特征与现状很接近

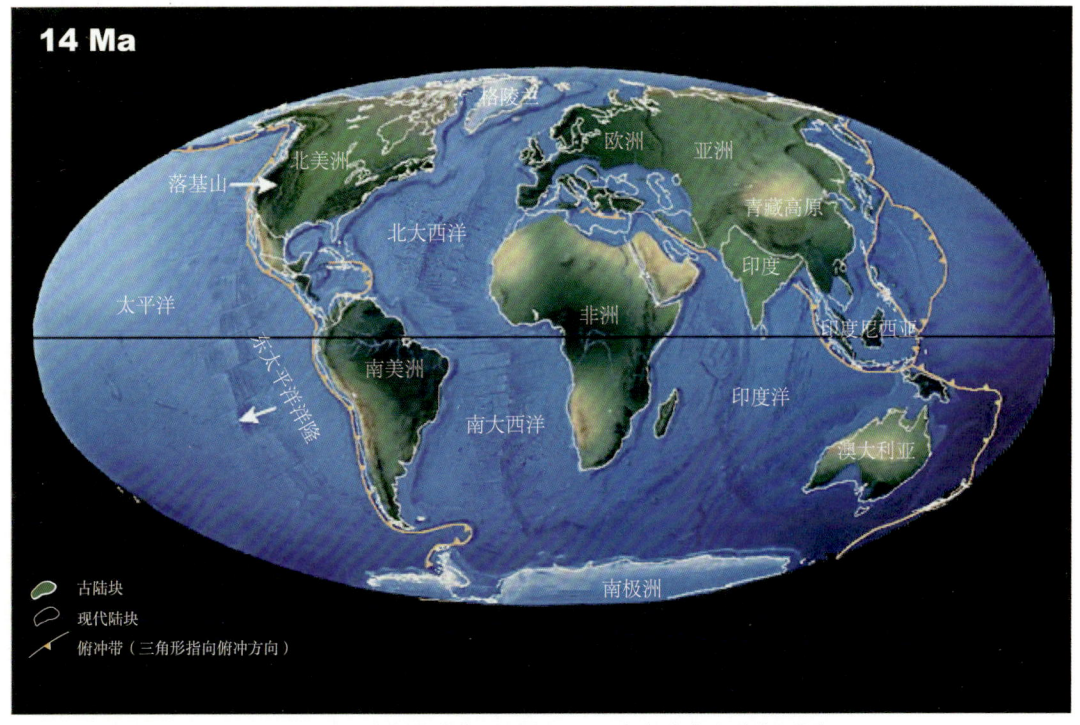

图 1-16 中新世中期（14 Ma）以来全球古大陆复原图
图注同图 1-15

表 1-1　地槽地台假说与板块构造学说之异同

地槽地台假说	板块构造学说
地壳是以垂直运动为主，仅可派生少量的水平运动（一般认为其水平运移幅度都小于200 km），基本上属于"固定论"的观点。因而，不认为地块可以大幅度地水平位移	地球表层岩石圈的水平位移量显著地大于垂直位移量，其水平运移量可以比垂直位移量大几倍到几十倍，是真正的"活动论"观点，有的地块甚至可以在全球各地水平位移数千千米
地槽的开合距离的变化，一般认为都不会超过200 km。认为地球的周期性涨缩（或称垂直震荡）运动是其主要的控制因素（不过至今仍缺乏事实根据）。沉积特征的主要表现为海侵与海退。相邻的两个大陆地台之间为浅海，即地槽	两个大陆板块之间可以是古大洋，它们原来可以相距甚远，甚至可达数千千米，也可分别处在南、北半球。板块也可发生大幅度的转动和水平运移以及适度的垂直位移从而形成相当强烈的构造变形
地台运移的下界不清楚，当时也没有深部的资料可以讨论	岩石圈板块主要是在富含超临界流体的、塑性较强的软流圈上发生水平运移，后来还认识到岩石圈内部也可形成多个局部的、近水平的构造滑脱面
地台的垂直运动可派生极为有限的水平位移，使原来的浅海地槽发生汇聚、褶皱、回返和隆升，以及岩浆侵入，从而形成造山带	两个相距很远的大陆板块，经过水平运移，可与大洋汇聚，造成洋陆间的俯冲带（含海沟-岛弧带），以致形成强烈的构造变形（含板内变形）、岩浆活动和变质作用，最后还可形成陆陆碰撞带。但是，当碰撞带内没有形成大规模的花岗岩浆侵入时，就不一定都能形成山脉，也即不一定能都形成"造山带"
地台的构造活动性很弱，相对固定，仅以垂直升降运动为主，略有水平位移。由于在我国发现地台内仍旧可以存在较强的构造变形，遂提出了地台活化的概念	尽管早期曾经以为板块是"刚性"的，但是后来认识到板块在不同时期可以有多种方向的水平位移量和较强的板内构造变形，以及一定量的升降活动。板块的构造活动性比槽台假说所认为的要强烈得多
全球可以同时发生比较强烈的、影响广泛的构造运动，即造山幕（Stille，1924）	由于构造变形是在岩石圈内部通过缓慢的塑性变形而逐渐传递并减弱的，因而全球绝对不存在统一的、同时形成的强构造变形的现象。很多地区的强构造变形期与地层划分的阶段、气候突变、生物绝灭、海平面大幅度升降等现象基本上都是在不同时期内发生的

地槽区，是地壳活动性最强烈的地带。地槽发育初期是以速度不均匀的下沉为主，接受了巨厚沉积，并可诱发基性岩浆的侵入和喷发活动。沉积物则以陆源碎屑为主，随着下沉幅度的加大，碎屑沉积物先沉积粗粒，后沉积细粒，以至于最后出现海相碳酸盐类的化学沉积。后期由于它们受到强烈的挤压、抬升，区域内的沉积物颗粒又由细变粗，并可使沉积地层形成强烈的褶皱和断裂。地槽经过强烈隆升运动后，则可形成造山带。其后，构造活动性减弱，经长期剥蚀、夷平后，最后就能逐渐转化为稳定的地台。

地台区，是地壳较稳定的区域，升降速度和幅度都比较小，构造变形和岩浆活动也都比较微弱。由于其前身由地槽转化而来，故其下部岩系多为较强烈的紧闭褶皱和变质岩结晶基底；上部沉积了不太厚的沉积盖层，也可以形成一些褶皱，但其构造形态比地槽区的简单得多。当沉积盖层被剥蚀以致大面积地出露古老的强烈褶皱、变质结晶基底时，则称为地盾。

槽台假说认为全球的构造运动都同时具有强弱交替的旋回性和阶段性。稳定期的构造运动比较和缓，主要表现为缓慢的升降运动；活跃期的构造变形和岩浆变质作用则较为频繁，主要表现为强烈的褶皱和隆起，形成巨大的山系，故也称造山运动。全球构造运动统一的旋回性决定了地壳演化的阶段性。槽台假说坚持认为全球可以同时发生比较强烈的和影响广泛的构造运动，对此，就称为构造运动期或造山幕（Stille，1924）。但是，在有了同位素年代学的资料后，就认识到全球各地区地壳的强构造变形其实并不是同时发生的，而是散布在各地区，并可逐渐迁移与演化的。针对我国槽台演化的特征，黄汲清（1960）、黄汲清等（1965，1977）发展了槽台假说，认为稳定的地台还可以"活化"，提出了"准地台"和"准地槽"的概念。后来，他和许多学者更进一步发展了槽台假说，提出了关于槽台演化的"手风琴式构造"（黄汲清和陈炳蔚，1987）和"开合构造"（姜春发，1997）等。

槽台假说与板块构造学说（Plate Tectonics Theory）的相同点是都认为在地球上存在着构造活动性相对稳定的地区（地台或板块）与相对活动的地带（地槽-造山带、俯冲带、海沟-岛弧系或板块碰撞带），都认为地球具有历史演化的阶段性与运动的变化性，而且也都认为构造演化自古以来是在不断演变的，两者均认为在构造作用强烈时，可造成强烈的构造变形-岩浆-变质作用。因而，部分学者认为槽台假说与板块构造学说基本上是一样的，不存在差异。然而，从表1-1可以看出，两者之间的差异非常明显。

槽台假说的稳定地块是不能发生大幅度的水平运移的；而板块构造学说的相对稳定的板块是可以大幅度地缓慢运移的。例如，根据古地磁测试的资料，中朝板块与扬子板块在早古生代早期（约500 Ma前）都位于南纬15°附近的古特提斯洋之中，而到二叠纪晚期—三叠纪，它们却都运移到了北半球的中纬度一带，发生了距离不等的（数百千米至上千千米）的向北运移。更不用说，古地磁测试的资料表明印度大陆板块的中心参考点，在白垩纪以来发生了极大幅度的向北水平运移，从南纬45°运移到北纬15°，运移了3 000多千米。

近百年来，槽台假说的许多观点其实早已过时，其很多有关大地构造学的假设和论断都与事实不吻合，更缺乏定量化的研究，因而很多观点均遭否定是必然的结果。槽台假说在研究方法上，继承了早年的科学研究方法，特别注重分门别类地对各种级别的构造单元和各个演化阶段赋予特殊的术语。上述研究方法，在科学发展的早期阶段是必要的。但是，从地球科学发展的现状与需求来看，槽台假说显然已经远远不能适应当代地球科学的发展。

根据现代大量地质研究的成果，全球各地区所发生的构造事件都只能是具有地方性的意义，而不可能是在全球同时发生的。这与全球几乎同时发生的气候剧变、海平面大幅度升降，以致生物大量灭绝等灾变事件是完全不同的。因为地球上某一地区的大气环境的变化和海平面升降的剧变是很容易影响全球的，从而可以几乎同时造成全球大量生物的灭绝和灾变。因而，上述这种剧变的确是可以在全球很短时间内、几乎同时发生的。

然而，岩石圈的构造变形，传递起来就慢得多了，构造应力一般每年仅能在岩石圈内传递几厘米，最快的可达到每年20 cm左右。全球根本就不可能与气候剧变、海平面大幅度升降、生物大量灭绝等一起，在全球几乎同时都发生强烈的构造事件，或迅速地将一个地区的构造变形传递到全球各地区去。Stille（1924）的"全球可以同时发生巨大的构造事件"的假说，那是100多年前的一种假想的推论和假设而已，并没有任何定量的实际资料和科学根据。当然，这也与当时全球各地还没有任何同位素测年数据有关。例如，很著名的早古生代晚期发生的加里东构造事件，是北美板块与欧洲大陆板块碰撞时所形成的（强构造变形发育在从美洲阿巴拉契亚山脉到欧洲西北部的苏格兰加里东山脉和挪威海岸山脉），从而在志留系与泥盆系之间，形成了地层的角度不整合（图1-17）。近年来，测出该构造事件的同位素年龄为430~426 Ma（Brenchley and Rowson，2006）。

图 1-17　英国北部由加里东构造事件形成的角度不整合

(Trewin N H 于 2006 年拍摄)

产状较平缓的下泥盆统老红砂岩覆盖在产状较陡立的志留系杂砂岩和页岩之上，从而形成角度不整合，该现象也曾被称为"赫顿不整合"。近年来，对于此构造事件的同位素测年结果为 430~426 Ma，它是北美大陆与欧洲大陆在早古生代晚期发生碰撞时所造成的构造事件

我国很多地史学者认为中国也发生了所谓的"加里东构造运动"，然而，我国的中朝板块，在早古生代晚期，是处在古特提斯洋（南半球）之中的，几乎没有与其他板块碰撞，只有一点隆升与沉降的变化，主要是在中奥陶统和中石炭统之间（470~323 Ma）形成了沉积间断和地层的平行不整合；不过，在中朝板块的西南端，也发生了一点局部的碰撞，形成了上奥陶统与二叠系之间的角度不整合（谭永杰，1992）。扬子板块的多数地区在早古生代晚期，也没有发生过板块的碰撞或强构造变形，而只是形成了下志留统（约 443 Ma）与下泥盆统（约 400 Ma）之间的平行不整合接触关系。仅在扬子板块的西南部（广西一带）在志留系与中下泥盆统之间，形成了一些局部角度不整合的地层接触关系，翁文灏先生曾经将此现象称为广西运动。而在我国东南部的华夏板块则形成了中奥陶统的低绿片岩系与中泥盆统砂岩之间（460~387 Ma）的角度不整合（万天丰，2011）。

因此，我国早古生代晚期的各地的构造事件与欧洲的加里东构造事件并不是同时发生的，也没有形成类似的地层不整合接触关系或板块的碰撞，其动力学机制与运移的方向也与欧洲的完全不相同。

再如，在古生代晚期，欧洲发生了华力西（或称"海西"）构造事件，根据在德国南部 ^{207}Pb-^{206}Pb 测年结果，中欧地块与斯堪的纳维亚（北欧）板块碰撞时的同位素年龄为 341~340 Ma（早石炭世）。然而，在古生代晚期，我国绝大多数地区没有发生过"海西期"的构造变形事件。而只是在亚洲中部的巴尔喀什—天山地区晚古生代曾发生过两次构造事件，以现代磁方位为准，其南北向的碰撞作用是发生在中泥盆世—早石炭世（385~323 Ma）；而在晚石炭世—早二叠世（323~273 Ma）形成的断裂构造变形则主要是由于乌拉尔碰撞带（近南北走向）的形成过程中派生了向东的挤压作用，从而在天山北麓形成大幅度的近东西向右行走滑断裂。而在中二叠世（272~259.8 Ma）时期，则是中朝板块向北运移挤压、发生碰撞的重要时刻。在此构造事件的作用下，中朝板块的北缘形成了巴尔喀什-天山-西拉木伦的晚古生代碰撞带（万天丰，2018）。

所以，在我国已经测定出了大量同位素年龄数据之后，继续在我国各地区使用过去欧美等国流行的加里东、华力西（海西）和阿尔卑斯构造事件或其他各国造山运动的术语都是不正确的。因为现在已经查明世界各国的一些构造地质事件与我国大陆上构造事件的同位素年龄数据是完全不同的，它们所形成的构造特征也与我国的完全不同。其原因在于，在固体岩石圈内发生构造变形及其迁移过程是十分缓慢的（仅为 $n \sim 20$ cm/a）。而全球的大气圈和水圈（流体），则可以说是几乎同时地、较迅速地传遍全球，发生巨大的灾变，以致造成生物群的大灭绝。所以，套用生物地层学的时间观念，来判断岩石圈内各地区同时发生构造变形事件的认识是不正确的。

总之，区域构造变形事件的术语只能适用于地方性的，绝对不可能是全球同时发生的构造事件；而以气候巨变、海平面大幅度升降变化、生物灭绝及其地层演化为基础的地质年代划分，相对而言，则以较快的速度传播，因而可以说是全球几乎同时发生的。

在地质构造演化中，全球每一个地区，无论是构造样式、规模大小、构造变形的类型、岩石组合，还是形成时间和构造演化都有其独特的、十分复杂的经历。在没有同位素测年数据的时候，产生一些错误的认识是可以谅解的。然而，如果仅仅采用这种不追求研究事物的独特性和运动变化的本质，而只是不断热衷于创立或套用早先著名学者的一些过时的术语及研究成果和方法，很容易犯错误。

板块构造学说的基本思想是在固体地球的上部层位存在比较刚性的岩石圈，而在岩石圈下伏的部位则是塑性较强的软流圈（其实仍旧是以固体为主）。在地球表面，地表附近较刚性的岩石圈，可划分为若干个大小不一的板块，它们可以在塑性较强的软流圈或其他构造滑脱面上进行大规模的不同方向和不同速度的运移。大洋板块可以不断新生，又不断地俯冲、消减到大陆板块之下。岩石圈板块内部的构造活动性则相对稳定一些，然而板块边缘由于相邻板块的互相作用就成为构造活动性很强的地带，不同时期内各个板块之间的相互作用控制了岩石圈表层及其内部的各种地质作用过程，同时也决定了全球岩石圈板块的运移和演化的基本格局。

板块构造学说，跟 100 年前提出的槽台假说相比，显然有了很大的进步，认识也显得更加符合客观的事实。不过现在已经认识到早年的板块构造学说中还存在不少错误，板块构造学说的发展也是在不断修正错误的过程中逐渐接近客观真理。我们必须从发展的观点，以客观事实为基础，不断地提高我们对板块构造学说的认识。

三、板块构造学说的创立与发展

以洋底大量实测数据资料为基础，Hess 和 Dietz 在 1952 年提出了海底扩张的设想，为板块构造学说奠定了基础；1963 年 Vine 和 Matthews 通过对海底磁异常条带的研究，对海底扩张学说做了进一步论证；1965 年 Wilson 首先提出大洋中脊存在"转换断层"，并指出连绵不断的构造活动带网络可将地球表层划分为若干个刚性的板块；1968 年 Le Pichon、Mckenzin 与 Morgan 等学者最早提出了一种新的大陆漂移假说，是在大陆漂移和海底扩张两个假说基础上的自然引申，后来，该论文正式发表于 1973 年，由此便奠定了板块构造学说的基础。上述学者们受到大洋中脊能发生张裂的启发，认为从海洋到大陆均可发生水平位移，洋底扩张可以使全球岩石圈板块能在软流圈上运移。到 1970 年代早期，学者们研究的主要收获为：①认识到存在大洋中脊扩张带和转换断层；②发现了贝尼奥夫带，即大洋板块在向大陆板块之下的俯冲带，此俯冲带也就是地震活动带；③大洋内普遍存在年龄相当新（不超过 200 Ma）的洋底玄武岩和沉积物。板块构造学说的优点在于，它是以大量实测的定量数据为依据而逐渐形成的新认识。然而，由于板块构造学说起源于海洋地质与地球物理的研究，对于海洋地质学家来说，全球大陆上的许多地质构造的运动变化，他们了解得并不太多，因而后来就出现了所谓的"板块构造登陆"的问题。

近 60 多年以来，板块构造学说一直都是在不断纠正错误认识的过程中前进的，其曾经有过的错误认识和后来获得的主要收获如下：

（1）早年板块学说的创立者认为：所有岩石圈板块的内部没有什么构造变形，而都是"刚性"的。当然，在美国中部由于其深部前寒武纪结晶基底分布面积很广，其上部的板内沉积地层仅能发生十分微弱的构造变形，因而其沉积地层基本上都具有水平层理，通常岩层内也只发育一些成岩节理，甚至连构造节理都几乎不发育，极其偶尔的地方才会形成很少的小型褶皱和断层。当时，他们以为世界各国也都与此类似。

然而，大陆地块内部的构造变形远比大洋，也比美国大陆的复杂得多。例如，在很多大陆地块内部都存在相当广泛的、强烈的板内变形和一些古老碰撞带，尤其是在亚洲大陆内，纵横数千千米均可发育强弱不等的板内构造变形，常见构造节理、规模相当大的褶皱和断层，地块位移量也很显著。这些资料表明绝大多数的岩石圈板块不是刚性的，而是可以变形的。

（2）当还没有在大陆内部进行深地震反射剖面探测时，不少地质学者曾经认为岩石圈底面（即软流圈顶面）就是板块唯一的构造滑脱面。他们不知道大陆岩石圈内部还可以存在多个构造滑脱面。

张文佑（1984）最早指出：①在大陆的许多地区，地壳内可以形成一些大幅度滑脱的、低角度的逆掩断层面。②在部分中地壳可能发育构造滑脱面，也即存在地震波低速层和高导电率层（简称为低速、高导层，相当于康拉德界面）。在中国，有很多大地震的震源都发生在这个界面上（例如，河北唐山和四川汶川的两次大地震）。只不过在江西省及其附近，由于在岩石圈内发生了花岗质岩浆的大面积侵入与愈合，则完全不发育此界面，因而该地区就成为全中国几乎不发生地震的地区。③在许多地震勘探剖面中，莫霍面附近，在大陆岩石圈内部也经常发现许多构造滑脱面，它们的滑移量和滑移速度，在有的地区，甚至比现代大陆板块运移的主滑脱面-岩石圈底面还大一些。

（3）1970 年一些海洋地球物理学者曾经以为以洋中脊为中心，大洋扩张是板块运动的主要推动力。20 世纪 80 年代，学者们在大量使用高精度全球定位系统（GPS，定位精度为毫米级的。注意不是我们通常使用的便携式全球定位仪）后，认识到岩石圈板块不能仅仅靠大洋扩张来运移。实际测量的结果是大洋底部玄武岩层的位移速度（一般仅为 2 cm/a）普遍都低于大陆岩石圈板块的运动速度。

（4）20 世纪 80 年代及以前，有些学者曾经以为岩石圈之下的"软流圈"是由熔融的岩浆所构成的。然而，到 1990 年代初，很多学者们已发现人工地震的纵波和横波都能穿过软流圈，并能显示出来，说明整个软流圈都是固态的，而不是熔融状态的，只不过那里超临界流体的含量稍多一些（Anderson，1995）。因而，软流圈易于发生流变，从而成为岩石圈底部的主要滑脱界面。探测成果还揭示软流圈也不是一个平整的界面，其顶面在各大陆的深度在 80~200 km 之间变化。

(5) 20 世纪 70—80 年代，有些地球物理学家曾经提出板块俯冲时会产生"负浮力"（即向下的牵引力）从而能带动岩石圈板块运移，甚至可插入下地幔。Forsyth 和 Uyeda (1975)、Turcotte 和 Schubert (1982) 提出板块扩张、牵引和俯冲的应力值仅为 20~30 MPa；然而，板块边缘的俯冲作用（他们称之为"负浮力"）的应力值可达 1 000 MPa（据臧绍先和宁远杰，1994，此数据被他们严重地、不恰当地夸大了）。

从 1990 年，学者们逐渐认识到中地幔岩石密度（5.56~9.98 g/cm³）远比插入地下的岩石圈板块密度（3~5 g/cm³）大得多，下地幔的密度则更大，根本不可能产生所谓的极大"负浮力"，即向下运移的能力。大量地球物理的深部地震探测结果也都表明，全球的岩石圈板块最多只能下插到中地幔，无法向下插到下地幔内。

40 多年前曾经热闹一时的固体地幔大对流或地幔分层对流的假说，实际上早已破产。

(6) 全球洋底随机分布着数百个热点（Hot Spot; Burke and Wilson, 1976; 图 1-18），曾经有不少学者以为那是深部固体地幔对流、上升，在地表造成的露头。然而，根据大量的地球物理探测结果，所有热点均为"无根"的，它们在中下地幔都毫无显示。大量热点只是随机散布在地壳和上地幔上层，很少发生在洋中脊或板块边界上。

因而，现在多数学者都认为全球绝大部分热点（200 多个）都是较大的陨石随机地撞击地表，从而诱发全球许多上地幔的岩浆局部上涌，以致造成火山喷发，从而显示出了热点。

另外，按照早年"传送带模式"的假设，热点似乎应该都是位于大洋板块的扩张中心，即洋脊的下部，当时曾经以为那里是地幔物质上涌的部位，而大陆边部的海沟则是板块俯冲、下插的部位。然而，根据近些年来的探测和研究，全球海陆的地表面之上共有数百个热点，它们绝大部分都散布在大陆与大洋板块的内部（图 1-18），真正位于大洋扩张中心的热点却非常少。另外，地球物理的探测也表明所有热点在地幔深部全都是"无根"的（均处在地壳和上地幔内）。因而，现在多数学者都认为，不规则散布的热点，其实都是陨石撞击诱发的。

(7) 还有不少学者曾经认为在地幔内存在固体岩石的大对流，幻想它们是从核幔边界上升的固体地幔柱（Mantle Plume），在地表附近就转为平移滑动，而后又返回下地幔深处的。但其实那只是超临界流体从矿物的晶格缝隙内不规则地向上运移而已（据滕吉文院士等与各国许多地球物理学者的研究结果），根本不存在所谓的固体地幔的大对流，或分层对流能带动岩石圈板块运移的事实。

(8) 板块构造学说在刚刚创立时，曾经风靡一时，大力宣传板块运移的"传送带模式"假说。其实，那是当时的研究人员（Wilson, 1970; Le Pichon et al., 1973）一时无法解释板块为何能够运移，于是，就都不约而同地想起他们的老师 Holmes (1928) 和 Griggs (1939) 在板块构造学说创立之前提出来的地幔流变假说，即地幔流变有可能带动地壳的运移。在那个时候，魏格纳的大陆漂移假说早已被否定。20 世纪 70 年代，板块学说的创立者很自然地就借助了老前辈们的意见，认为固体地幔的流变能带动岩石圈板块运移。

20 世纪 70 年代，不少海洋地球物理学者们还曾经认为大洋扩张是板块运移的主要推动力。20 世纪 80 年代，美国学者在使用了高精度全球定位仪（GPS，其精度为毫米级的）观测后，在全球各地都获得了数百个测点的板块运移速度数据。他们发现现在所有岩石圈板块的水平运移速度都在 0.1~20 cm/a 之间变化，而发育在上地幔的岩浆活动在地表形成的热

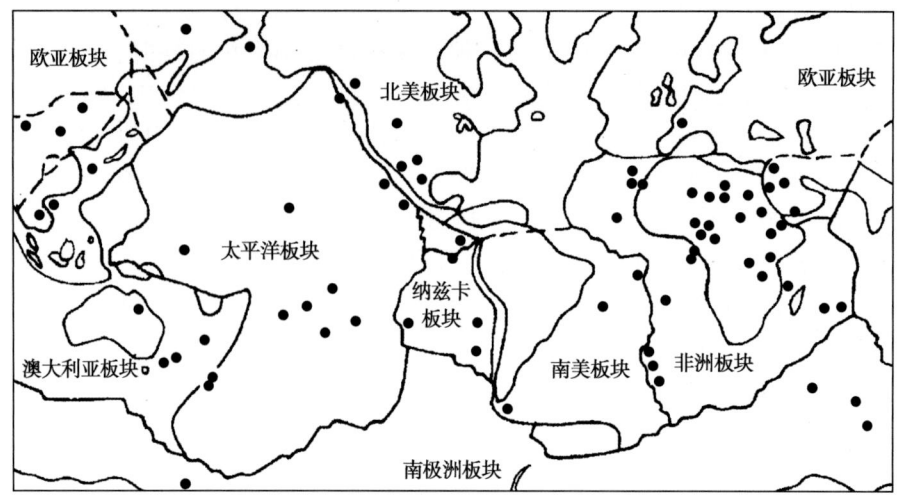

图 1-18　全球热点分布图
（据 Burke and Wilson，1976）

该图至少包括了过去 10 Ma 内有过岩浆活动的热点，它们显然都不是洋中脊扩张造成的。很多学者都认为全球不规则散布的数百个热点，只可能是陨石撞击诱发，从而造成岩浆物质局部上涌的现象

点的水平运移速度仅为 n mm/a～2 cm/a。这就是说，岩石圈板块的运移速度都普遍比地幔运移速度大了一个数量级，从而认识到板块不是靠大洋扩张和地幔运移来带动的。另外，全球现代板块的运动并无固定的方向，除了大西洋中脊在扩张以外，其他许多板块的运移方向几乎都与洋中脊扩张无关，也没有人能找到所谓的"地幔柱"在控制板块运移的任何证据。

因而，英国皇家地球物理学会主席 Bott 教授及其合作者 Kusznir（1984，1991）曾两次在学术论文中发表了如下的著名论断：与其说地幔对流带动岩石圈板块运移，不如说是岩石圈板块在带动上地幔运移。显然，物理学知识告诉我们低速运移的物体是不可能带动块体产生较高速度运移的。

现在各国许多著名学者都已经认识到岩石圈板块并不是一个呈平板状态展布的地块，而是呈球面形状的板块。板块的运动，自然也不是一种简单的平面滑移，而是沿着地球表层在球面上运移的，并且板块运移速度显著大于地幔运移速度。

（9）Yang 和 Song（2020）在进一步深入研究了地核每年的运转速度后，修改了 20 世纪 90 年代宋晓东的推断并发表了论文。他们发现地内核相对于其上部稳定地幔的转动角度，每年仅可多转动 $0.05°～0.1°$，它相当于在核幔边界之下、液态外核的赤道一带，每年可多运移和转动了 95～190 m，从而可以促使液态外核的热流体能够向上进入地幔岩石的缝隙之中，地外核热流体的旋转就可形成地内磁场。此论文改正了宋晓东 20 多年以前所推断的地核有较大转动速度的数据。

总之，正如美洲地球物理学会（AGU）主席 1990 年在该学会年会闭幕式上做总结发言时所说的："我相信在未来 20～30 年内，岩石圈板块运移的动力学机制将会得到解决。"显然，当时他已经很清楚地知道板块构造的动力学机制问题还根本没有解决。不过，现在已经过去 30 多年了，此难题至今在广大学者内处在争议和探讨之中，还远远没有取得统一的认识。

那么岩石圈板块到底是因为什么原因而运移的呢？考虑地球、月球和火星都是在太阳系的小行星群的内侧轨道上运行。当太阳系穿越银河系的银道面时，那里星际物质相对比较密集，小行星群极易受其影响而脱离原有轨道而转向太阳系的内侧飞行，以致经常撞击火星、地球和月球，从而在它们的表面形成大量的陨击坑，并可使岩石圈表层发生水平位移。其实，地球表面和月球、火星表面一样，都曾经布满了陨击坑，只不过地球表面的风化、剥蚀、沉积和火山活动很强烈，致使很多陨击坑后来都被充填、覆盖或改造了。在我国中比例尺（1∶20万）的卫星影像图上，我们可以清晰地观察到几乎每一个省区都有上百个大大小小的"环形构造"，它们可能原来都是被充填、改造或被掩盖了的陨击坑。

根据石耀霖院士的估测，近40亿年来，地球上形成了大约有20万个左右、直径在10 km以上的陨击坑。全球地表直径大于1 000 km的陨击坑有100~200个（早期的多半被掩埋或改造了），使地球的质量大约增加了10^{19} t，也就是说，使地球质量大约增加了1/600。陨石撞击速度大约为每秒几十万千米。当较大的陨石斜向（低角度地）撞击地球表层时，就可能促使岩石圈板块发生单向运移；当陨石几乎垂直撞击地表时，则可以使岩石圈板块表层发生放射状的张裂和向四周的运移，与此同时，也可以在全球表层形成数以百计的热点，并诱发上地幔顶部的玄武质岩浆上涌到地表，形成火山爆发。从现有的资料来看，用巨大陨石的撞击来解释岩石圈板块运移的动力学机制，可能是较为合理的认识。

综上所述，近几十年来，尽管板块构造学说是很有开创性的，进展也是很快的，它是依据了大量实测的定量数据资料而发展起来的，然而，至今对于板块运移的动力学机制也还一直存在着许多分歧意见。显然，在板块构造学说的发展过程中，曾经出现过不少错误的认识，然而，它也正是在不断纠正错误的过程中得到了发展。由于它是以大量实测的定量数据为基础而逐渐发展起来的理论，这与过去地质学仅以个人或前辈的想象和大胆猜测，提出缺乏事实依据的假说和推论相比，其进步是非常显著的。现在的大地构造学已经从定性研究走向了定量研究。当前碰到的许多难题，正是复杂的地球科学在发展过程中所必然出现的现象。

四、关于地幔羽和岩石圈板块的运移

关于地幔羽和岩石圈板块的运移，这一大地构造学的重要课题在学术界长期以来一直发生着很热烈的争论，有必要进行专门阐述。

有一些学者曾经假设岩石圈板块之所以能够运移，主要是靠"地幔柱"向上顶，从而导致地球表层附近的岩石圈板块发生放射状或单向的运移与张裂。应该强调的是这个所谓的"地幔柱"其实并不是真的有一个固体岩石柱子在向上运移。其实，这是由于地幔内存在一些高温热流体在向上运移。热流体似羽毛状地散布在岩石缝隙之中而向上浮动，像是在地幔岩石缝隙内形成了"一股袅袅上升的青烟"，从而被称为"Mantle Plume"。但是，20世纪晚期，一些译者将此词翻译成"地幔柱"，这实在是很不恰当的。"Plume"一词没有"柱子"的意思，"Column"才能翻译成"柱"。因而，把"Mantle Plume"译为"地幔羽"，更加符合英文的原意。所谓的地幔羽，是热流体在通过岩石或矿物晶体缝隙时，其含量相对比较多一些，从而造成热流体缓慢地逐渐上升的现象。因而，这里的温度比周围的岩石稍高了一点,热流体在穿过固体地幔岩石或矿物晶体缝隙时,纵、横地震波速变得稍微慢了一些,从而使纵、横地震波能够被识别出来(据滕吉文院士口述)。

根据全球大量深部地震波探测资料的研究,地幔羽(Mantle Plume)之所以能形成,是与核幔边界物质的相互作用有关的。

核幔边界(Core Mantle Boundary,CMB)是一个复杂的、不均匀的过渡带,这与核幔之间在温度、密度、物质成分、黏度以及运动速度存在很大差异有关(Brandon and Walker,2005;图1-19)。

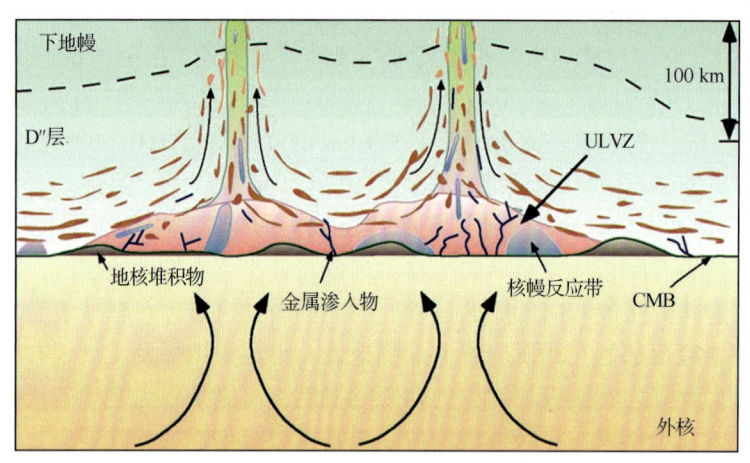

图1-19 地核扰动引起 D″层 产生地幔羽的模式图
(据 Brandon and Walker,2005)
ULVZ—地幔底部的地震波低速带;CMB—核幔边界

至今人工地震的能量还不足以穿透整个地球。根据地球深部天然地震波的探测结果,地幔羽的尾部主要分布在下地幔,相当于赤道深处的部位,其直径只有100~200 km。地幔羽之所以主要产生在相当于下地幔的赤道附近,是因为在地球液态外核相当于赤道的部位,其旋转速度最快,每年至少要比固体地球多旋转0.05°~0.1°,它相当于在核幔边界之下的液态外核的赤道一带,每年可多运移和转动95~190 m(Yang and Song,2020)。因而,较快速度旋转的地外核熔融体就最容易形成涡流,从而向上进入固体地幔赤道附近的岩石缝隙之中(图1-19)。现在已经发现在地幔深处相当于赤道深处的部位,普遍存在^{3}He 的富集区,从而使地幔羽流体能穿过岩石或矿物晶体缝隙,致使高温热流体能够缓慢上涌,从而形成地幔羽。当它们上升到岩石圈底面之下,并受到较致密的、温度较低的固体岩石圈阻拦时,就会发生水平扩散,从而形成面积较大的地幔羽头部,其直径在水平方向上可扩散到500~3 000 km,这样就在岩石圈之下形成了软流圈(据滕吉文院士口述)。

近20年来,正确地认识地幔羽,使得地球科学家对于核幔间运动变化的认识进一步接近了真实状态(Brandon and Walker,2005)。根据深部地球物理探测所得到的许多重要研究成果,在中、上地幔内部除了确实存在着一些流体物质的向上运移和热量的传输之外,也还确实存在着岩石圈板块下插的现象。例如,侏罗纪以来,印度大陆和印度洋板块下插到亚洲和澳大利亚板块之下(Replumaz et al.,2004)、非洲板块下插到欧洲大陆板块之下

(Cavazza et al. 2004)、Zhao 和 Tian（2013）则观测到西太平洋板块俯冲到中国东北部的大陆板块之下等重要的研究成果。在上述的研究结果中，当相对较冷的、密度较低的大洋岩石圈板块下插到岩石变得越来越致密的中地幔时（深600多千米），就不能再继续向下运移了（图1-20）。

其实，世界各国还有不少地球物理学家，如 Van der Voo（1993）、Van der Voo 等（1999）、Maruyama（1997）、Grand 等（1997）、Van der Hilst 等（1997）、Bijwaard 等（1998）在20世纪90年代也都使用类似的仪器，进行过类似的深地震探测。他们都认识到岩石圈板块下插的深度全部都是到达中地幔就被制止住了。原因在于中地幔的最大深度为670 km左右，那里硅酸盐的晶体结构为尖晶石相。然而再向下（下地幔部位），则会转变为晶体结构更为紧密的、对称性更加完好的钙钛矿相结构。在中、下地幔的分界处附近，由于下地幔晶体结构过于紧密，因而，下插的岩石圈板块都只能滞留在中地幔（图1-20，图1-21），而不能再继续下插。

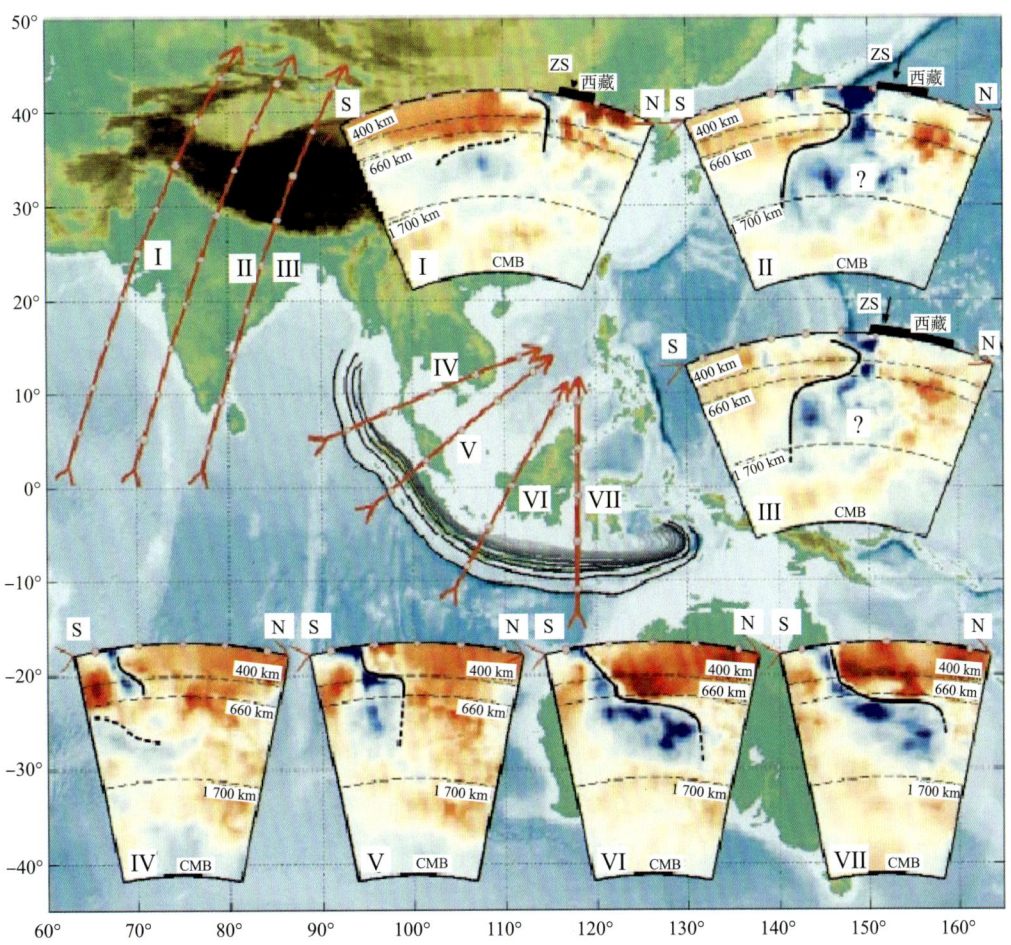

图1-20　印度-澳大利亚板块北缘的喜马拉雅-苏门答腊-爪哇俯冲带（蓝色）
向北下插到亚洲大陆深处的中地幔
（据 Replumaz et al., 2004）

Ⅰ～Ⅲ—喜马拉雅山脉和西藏剖面；Ⅳ—安达曼弧剖面；Ⅴ～Ⅶ—巽他弧剖面；ZS—藏布缝合带；CMB—核幔边界

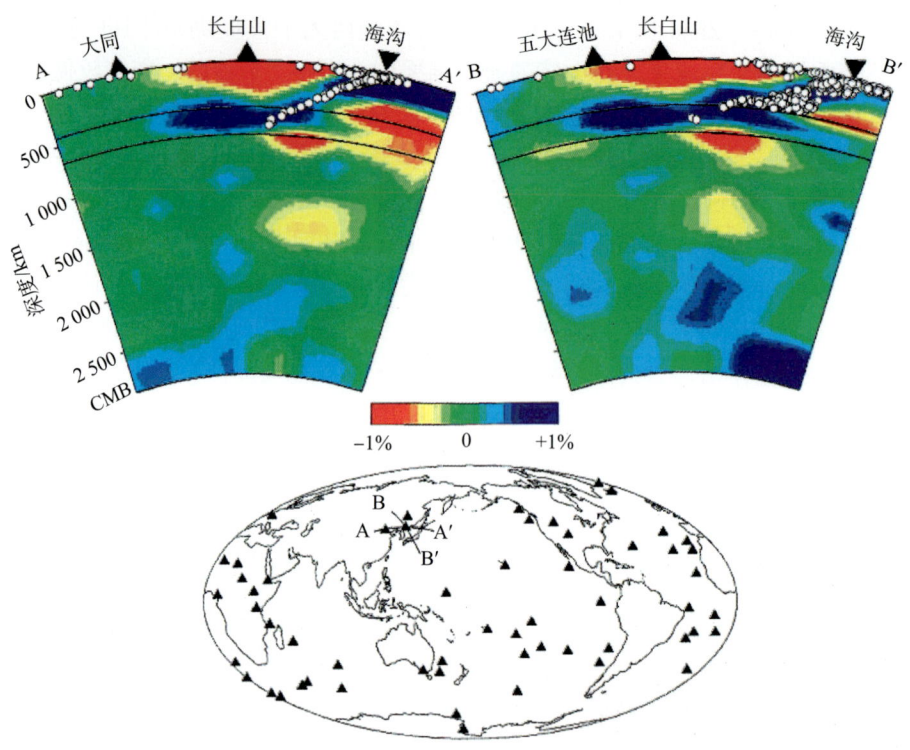

图1-21 西太平洋板块（蓝色）向西俯冲到中国东北长白山-大同地区深部的中地幔
（据Zhao and Tian，2013）

1999年，有一位美国学者，也使用了与上述所有学者们同样的地球物理仪器和探测方法，编制并发表了一张北美地幔深部的构造剖面图，展示了北美洲西侧的法拉龙板块，能够向东下插到北美大陆深部的核幔边界附近（即D″界面附近，几乎向下斜插到了北美洲东部阿巴拉契亚山脉之下，其深度可达2 885 km左右）。然而，世界各国绝大多数地球物理学者认为他的"探测成果"，在现代技术条件下是不可能实现的，认为这是他学术造假的结果。

在地热学的研究中，也证明了地幔内确实存在热对流的现象。因为整个固体地幔（最深约2 900 km）的温度在1 000~3 500 ℃之间变化。其地温梯度向下的增量仅为0.088 ℃/100 m，相当于地壳内平均地温梯度增温率的1/33。在整个地幔内，如此低幅度的增温率是不能只用硅酸盐岩石内部的热传导来解释的。如果只有岩石热传导在起作用，那么地幔的地温梯度应该和地壳内的地温梯度差不多。

因而，绝大多数地球科学家认为在地幔内的一些部位确实存在着由深部到浅部的热流体，以致造成整个地幔的地温梯度变化很小，也即它们可能是由于含少量氢、氮、碳、氧化物或硫化物，并以超临界流体的形式，在矿物晶体颗粒间或岩石缝隙中运移，从而使地幔保持了从下到上温度变化相当少的状态。

长期以来，国内外不少学者认为全球存在着固体地幔的大对流或分层地幔对流，从而带动岩石圈板块在地表附近运移，这种所谓的地幔"传送带运移模式"的假说，其实早就发生了严重的危机。因为大量高精度地球物理探测都不支持这个假说。后来还发现即使修改为局部的分层地幔对流假说也难以成立。因为，从20世纪80年代以来，根据美国使用的全球高精度定位系统（GPS）的测定，各岩石圈板块的运移速度（0.1~20 cm/a）都显著地大于地幔的运移速度（n mm/a~2 cm/a）。显然，岩石圈板块的运移速度比地幔的运移速度大致上要大一个数量级。因而，低速运移的地幔又如何能带动运移速度较快的岩石圈板块呢？所以，流传很广的地幔对流假说，以为地幔的"传送带"能带动岩石圈板块运移的假说，根本不能成立。

第二章　中国大陆北部中亚-蒙古-东北构造域

从第二章开始，笔者将分别概述中国大陆各构造单元在各地质时期的构造变形和演化特征。第二章将讨论中国大陆北部的中亚-蒙古-东北构造域的分布：阿尔泰-蒙古中部-海拉尔早古生代增生碰撞带（541~419 Ma）、准噶尔地块（定型于约1 400 Ma）、巴尔喀什-天山-兴安岭晚古生代增生碰撞带（385~260 Ma），以及我国东北端的完达山侏罗纪碰撞带（170~135 Ma）等。

一、阿尔泰-蒙古中部-海拉尔早古生代增生碰撞带（541~419 Ma）

阿尔泰-蒙古中部-海拉尔早古生代增生碰撞带（541~419 Ma），西起阿尔泰山，经蒙古国中部，在我国东北境内仅发育在内蒙古北端的海拉尔地区。在该碰撞带内，原来可能存在许多亲西伯利亚板块的小地块，并残存了许多新元古代—早寒武世（670~510 Ma）的洋壳证据（Khain et al., 1996；周建波等，2011）。黄汲清等（1977）曾将此构造变形事件称为兴凯运动。

在寒武纪早期，其实上述地块原来都处在南半球冈瓦纳大陆附近，大约在新元古代—早寒武世构造事件作用下，构成统一结晶基底；古生代晚期以来，才逐渐向北运移到北半球的中高纬度地区（万天丰，2011）。

在此碰撞带内（图2-1之6）的许多小地块上覆盖了许多已经变形的、奥陶系—下泥盆统等沉积岩系，其生物群组合都属于亲西伯利亚的特征，并形成了不少早古生代花岗岩浆的侵入体（450~400 Ma；王涛等，2014）。在内蒙古温都尔庙地区，志留纪碎屑岩系不整合面之下的花岗闪长岩内，测得由碰撞作用形成的U-Pb年龄为466 Ma，即中奥陶世。

注意：过去地质学界长期以来认为中朝板块及其以北地区是没有新元古代—早古生代早期地层的，那是由于当时尚未进行更多的同位素测年结果。在蒙古国盆地南部边缘地区测得其碰撞作用的时代为志留纪（435~415 Ma；Parfenov et al., 2009）。此后，也有晚古生代花岗质岩浆的侵入。沿此构造带的南北两侧及其内部的主要断层附近还发育着蛇绿岩套。

在早古生代时期，上述一系列的小结晶地块都曾经跟随西伯利亚板块和中朝板块一起，从南半球运移到北半球的中纬度地区，并在中泥盆世早期（约393 Ma）最后形成阿尔泰-蒙古中部-海拉尔增生碰撞带。而在其南侧，在晚古生代还形成了巴尔喀什-天山-兴安岭增生碰撞带（360~260 Ma）（图2-1之10）。在阿尔泰-蒙古中部-海拉尔增生碰撞带中，包含了许多古老的结晶基底的小地块，自西向东依次为巴尔喀什-伊犁、准噶尔、吐鲁番-星星峡、库鲁克塔格、红石山、雅干、巴彦淖尔北、托托尚-锡林浩特、松嫩以及佳木斯-布列亚特等地块（图2-1仅显示了此碰撞带的东部；周建波等，2011；Wan，2011），它们在地表大多被二叠纪以后的沉积盖层所不整合地覆盖，其中以松嫩地块（即哈尔滨以西地区，含大庆油田区）和准噶尔地块（图2-2，图2-3）为此碰撞带内最大的地块。

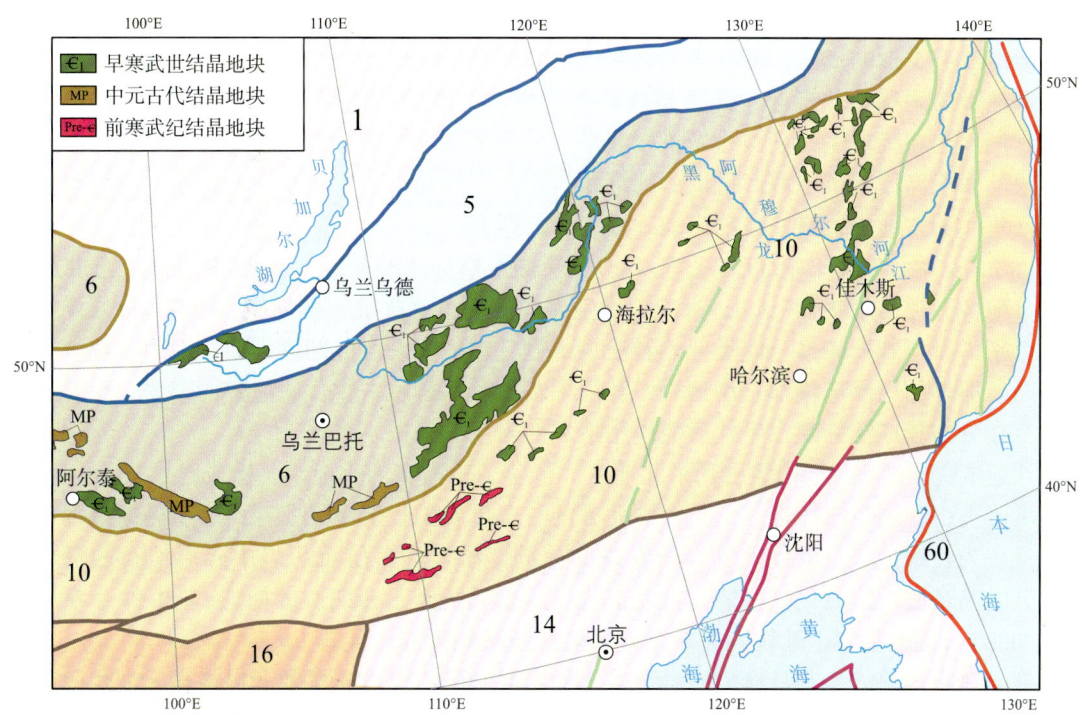

图 2-1　中亚-天山北麓-蒙古-东北构造域东部

1—西伯利亚板块；5—俄罗斯外贝加尔-乌兰乌德碰撞带；6—阿尔泰-蒙古中部-海拉尔早古生代增生碰撞带；10—准噶尔-天山北麓-兴安岭-西拉木伦河以北地区，包括了俄罗斯布列亚特-我国东北地区的松嫩（哈尔滨）海拉尔以南等地块和图们江以东的俄罗斯地区（本图只显示此带的东部，未显示西部天山以北的准噶尔等地块）；14—中朝板块的东部；16—阿拉善地块；60—新生代时期断陷而形成的日本海。10 与 14 和 16 间的分界线，即天山-西拉木伦古生代晚期碰撞带。中亚-天山北麓-蒙古-东北构造域东部内含许多早寒武纪与前寒武纪结晶小地块

肖荣阁等（1995）在内蒙古托托尚-锡林浩特微地块（图 2-1 内玫瑰红色小地块）西部的花特敖包、昌特敖包和阿木乌苏发现了高级变质岩系，测得其 Rb-Sr 等时线年龄为 17 亿～19 亿年，属于古元古代的产物。近年来，通过大比例尺地质填图和详细构造解析发现，在锡林浩特微地块内也多处发现了不同岩类、不同变质程度、不同构造样式和形成时代的地质体。葛梦春等（2011）建议将其解体，对其中被厘定的表壳岩"锡林浩特岩群"，达到角闪岩相变质的夹有火山岩和磁铁石英岩的富铝质的泥质碎屑岩进行了测年，其锆石的变质核年龄集中在 1 005～1 026 Ma 之间（中元古代晚期）。该岩群被变辉长岩（SHRIMP，U-Pb 年龄为 739.6 Ma）和奥陶纪 S 型片麻状电气石二云母花岗岩所侵入。结合区域和研究区地质构造演化年表分析，将锡林浩特岩群的形成时代推定为中元古代。这些地块原来很可能都曾属于中朝板块构造域边部的小地块。过去认为我国北方地区不存在新元古代地层的认识是完全错误的。

在此构造带内，佳木斯-布列亚特地块（图 2-1）的结晶基底是早寒武世形成的（约 513 Ma 以前），近年来的测试结果较多（Wan，2011），佳木斯-布列亚特地块结晶基底的形成时期与海拉尔-中蒙古和巴尔喀什-天山-兴安岭等增生碰撞带内出露的结晶基底地块（图 2-1，图 2-2）有很多是早寒武世（513 Ma 前后）形成的（Wilde et al.，2004）。在佳木

斯地块的花岗岩体内测得 525~515 Ma 的 SHRIMP 锆石同位素年龄。上述许多较小的结晶地块可能都具有类似的成因，即原来都是在南半球冈瓦纳大陆泛非构造事件的产物，而后随着西伯利亚板块运移到北半球，并碎裂成许多小地块，有些则还可能是中朝板块边部的碎地块，它们一起在晚古生代又被重新拼接起来，成为上述增生碰撞带的一部分。不过由于这些小地块上面均已覆盖了中寒武世以后的沉积盖层，它们是早古生代早期的产物，但其确切的同位素年代和古地磁资料，目前尚缺乏进一步的研究。

Parfenov 等 (2009) 将布列亚特-哈尔滨-佳木斯的小地块，扩大到中国整个东北的绝大部分地区，把巴尔喀什-天山-兴安岭增生碰撞带的东北段统统都划归佳木斯-布列亚特地块。个别学者也曾发表过与此类似的看法。不过，这种假设可能问题较多。因为，至今得到的资料，那里的结晶地块都是小地块，其周围基本上都是晚古生代碰撞带的产物。想要否认那里存在分布较广泛的晚古生代碰撞作用造成的岩系，恐怕不妥当。

西起准噶尔地块，经内蒙古到东北地区，包含了相当多的小地块，构成巴尔喀什-天山-兴安岭晚古生代增生碰撞带。这是我国北方的一个重要的构造单元。在此增生碰撞带内，最大的地块为松嫩地块。就目前钻探所发现的深部变质岩和盖层沉积岩中碎屑锆石的资料来看，其结晶基底形成时代很可能是古元古代，后来又经历了多期次的构造-热事件（章凤奇等，2008）。其他很多小地块则还缺乏准确的结晶基底形成年代。

在上述小地块内，都具有岩石强度较大的结晶基底，形成于早寒武世或新元古代以前的构造阶段（图 2-1），而在其旁侧则均为晚古生代形成的浅变质的沉积岩系，岩石的强度明显较低。因而，在两者之间的结合部位，由于存在着物性上的显著差异，后期就很容易发育断裂和裂隙带。在大草原之下，这些部位很可能成为找寻隐伏矿床的重要潜在远景区。这一点在内蒙古草原和沙漠地区找寻隐伏矿床时，值得给予特别的关注。

二、巴尔喀什-天山地区晚古生代碰撞带（385~270 Ma）

中亚-天山北麓-蒙古-东北构造域西段的巴尔喀什（Balkhash）-天山地区，由于在不同时期区域构造应力状态的不同，因而构造变形的特征就很不相同，其构造岩浆活动与成矿作用主要集中在晚古生代 385~318 Ma 和 318~270 Ma 的两次构造-热事件（图 2-2，图 2-3）。

在巴尔喀什-天山地区，晚古生代碰撞带所造成的构造变形带，宽度可达 1500 km 左右，其较早的构造事件的时代为晚泥盆世—早石炭世（385~323 Ma；图 2-2），该碰撞作用造成区域性走向北西的和塔拉斯-费尔干纳（Talas-Ferganna）等一系列北西向的断层均呈现为右行-走滑的特征。然而，对于天山附近的近东西向区域性断层来说，则许多学者认识到：晚泥盆世—早石炭世时期受南北向挤压作用的影响，其主要表现为逆断层的特征（肖序常等，1992；Allen et al.，1993；车自成等，1995；李锦轶等，2002，Buslov et al.，2004；Charvet et al.，2011；Wang et al.，2008；图 2-2）。综上所述，可以看出晚泥盆世—早石炭世时期的构造作用显然是由于阿尔泰-天山陆块群相对向北运移和发生南北向的挤压和碰撞作用所造成的。而近东西向走向的断层则被挤压得比较紧闭，具有逆断层特征，并使走向北西-南东的断层则均呈现为右行走滑的特征。

但是，在晚石炭世—早二叠世时期（323~260 Ma；图 2-3）的构造作用下，却造成走向 NW 的断层都呈现出大幅度左行走滑的特征（例如巴尔喀什以及阿尔泰地区东北部的断

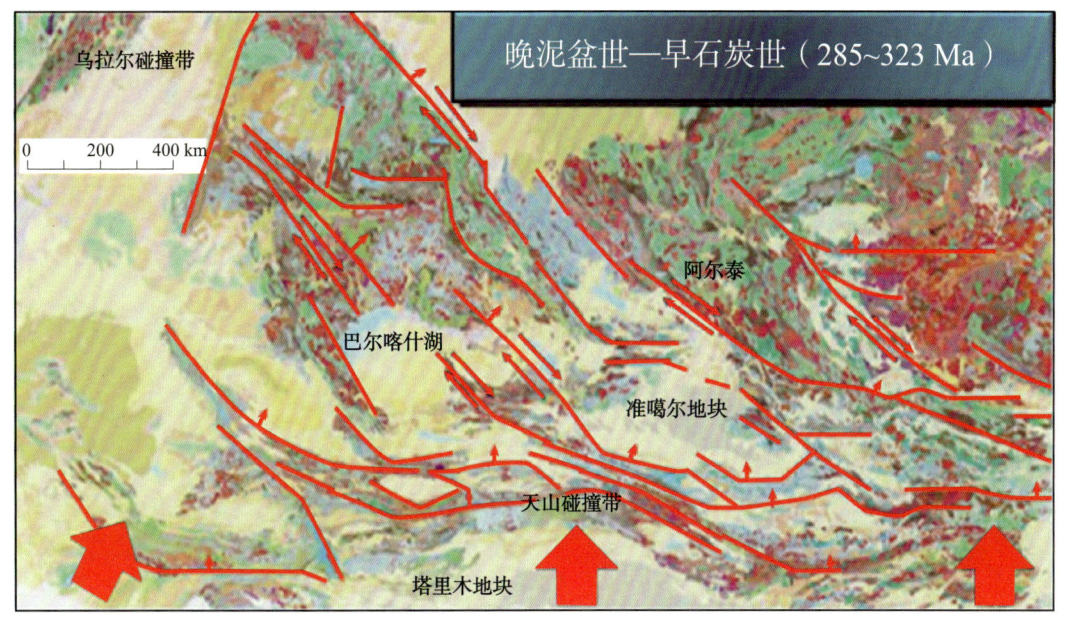

图 2-2 巴尔喀什-天山地区主碰撞阶段晚泥盆世—早石炭世区域应力状态与断层活动性质
(据 Buslov et al., 2004; Wang et al., 2008; 李锦轶等, 2002; 改绘)
大红箭头指示了区域性向北挤压与缩短的方向; 从而使近东西走向的、有红色小箭头的断层都成为压剪性逆断层, 而走向 NW-SE 向的断层则成为右行走滑断层

层; Buslov et al., 2004)。而李锦轶等 (2002)、Wang 等 (2008) 对于天山地区构造的研究则发现在晚石炭世—二叠纪 (318~270 Ma) 走向近东西的断层则都呈现为右行走滑的特征, 其最大的走滑断距可达 100 km 左右 (图 2-3)。

将晚石炭世—早二叠世上述两组不同走滑方向的断层活动性特征联系起来进行思考和研究, 正好指示了在晚石炭世—早二叠世区域最大主压应力方向应该在这两组断层面夹角的等分线附近, 即为 WNW-ESE 向。此时的动力作用显然不是来源于南北向碰撞作用的结果, 而是在乌拉尔晚古生代碰撞带形成时, 地块向东运移和挤压的远程效应, 其应力作用在晚石炭世向东缓慢地传递到巴尔喀什-天山地区, 使之产生朝 ESE 向的挤压, 以致造成此时的 NW 向断层转变为左行走滑, 而走向东西的断层则具有了右行走滑的特征 (图 2-3)。

正是这两次 (晚泥盆世—早石炭世的南北向挤压和晚石炭世—早二叠世的向东运移和挤压) 动力作用来源于不同的构造事件的结果, 使得天山地区断层活动性大为增强, 十分有利于许多含矿热液的运移和内生金属矿床存储在断层带内或在其附近的构造裂隙之中, 使得天山地区成为我国蕴藏内生金属矿床的重要产区。

三、准噶尔地块 (自 1 400 Ma)

准噶尔地块 (初始定型于约 1 400 Ma) 是阿尔泰早古生代碰撞带 (541~419 Ma) 与天山晚古生代碰撞带之间一个较大的中间地块。在其东北、西北与南侧均保存着蛇绿岩套。关于准噶尔盆地的基底性质、形成时代和演化过程, 长期以来一直存在着不同的见解。

近些年来, 杨甫等 (2014) 对于准噶尔地块隆起中北部的 Db1 井和 Y1 井巴塔玛依内山

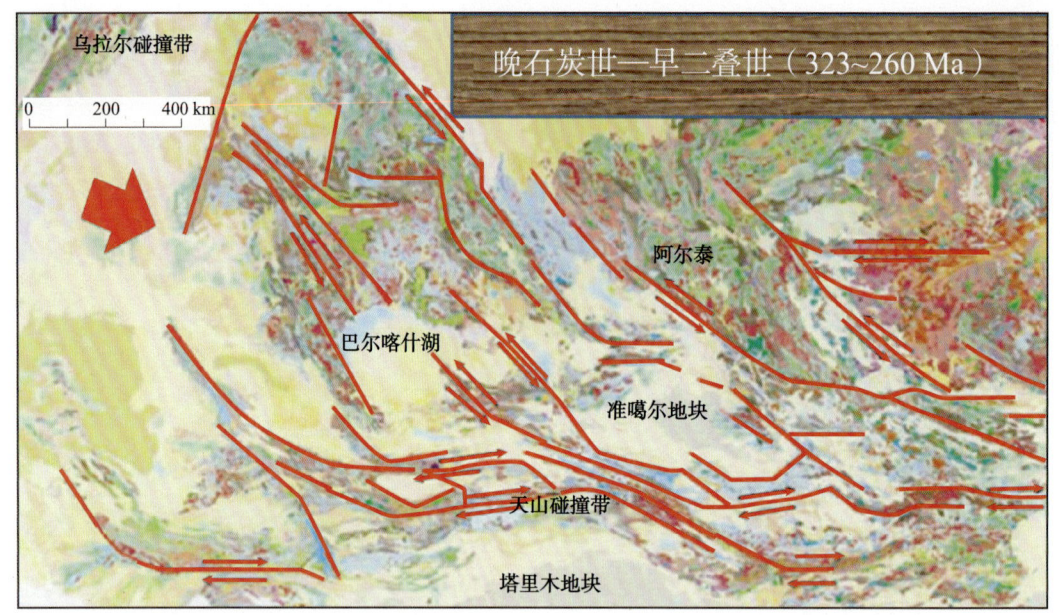

图 2-3 巴尔喀什-天山地区主碰撞阶段晚石炭世—早二叠世区域应力状态与断层活动性质
(据 Buslov et al., 2004; Wang et al., 2008; 李锦轶等, 2002; 改绘)
左侧的大红箭头表示源自乌拉尔碰撞带的区域性朝南东东方向挤压与缩短作用力, 使近东西向的断层转变成右行走滑断层, 而 NW-SE 向的断层则转变成左行走滑断层

组火山碎屑岩中的锆石进行了 U-Pb 定年、微量元素、Lu-Hf 同位素分析, 锆石内部结构、Th/U 值以及稀土配分含量等的测定, 均显示:

(1) Db1 井和 Y1 井锆石样品最新年龄分别为 303 Ma 和 306 Ma, 它们可代表巴塔玛依内山组的形成时代;

(2) 锆石 U-Pb 年龄显示了存在中-新元古代的 1 447~1 410 Ma, 885~559 Ma 的年龄记录, 此资料为准噶尔盆地中北部存在前寒武纪古老结晶基底提供了依据(过去长期以来, 一直没有任何测年数据);

(3) 此外, 古生代早中期 536~420 Ma、401~360 Ma、359~303 Ma 等年龄记录, 都指示了准噶尔盆地中北部在元古宙到二叠纪以前的基底经历了多阶段的陆壳演化。

长期以来, 不少学者曾经认为准噶尔地区没有结晶基底, 是洋壳或岛弧拼贴而成的, 或者是由后来的地幔底垫作用等形成的, 这些推断和假设, 现在看来就都显得不符合事实了。笔者同意杨甫等 (2014) 的认识, 认为准噶尔地块确实存在前寒武纪结晶基底, 也即与塔里木地块或中朝板块相类似, 只是较小的准噶尔地块显然在后期受到古生代以及后期多次构造挤压、碰撞作用的影响。

据中国石油天然气集团有限公司 (以下简称"中石油") 新疆油田分公司的信息, 近些年来在准噶尔盆地沙湾凹陷风险勘探区获得重大发现: 风险探井—沙探 1 井, 在二叠系上乌尔禾组 5 344~5 375 m 深处的井段, 获得高产工业油流。目前利用 2.5 mm 油嘴, 测定日产油量能够稳定在 20 m³ 以上。

2017年底，中石油曾表示：位于准噶尔盆地的玛湖油区已发现了10亿吨级的玛湖砾岩大油区，已经在10个层系内发现了海相油气层。预计到2025年，玛湖油区累计探明储量将有可能达到 9.5×10^8 t。近年来，中石油在准噶尔盆地玛湖油区发现 $2\ 300\ km^2$ 的勘探新区，新增探明石油地质储量 1.7×10^8 t，天然气 $4.16 \times 10^{10}\ m^3$，这是自新疆油田玛湖地区发现10亿吨级砾岩油田后再次获得的重大油气发现，同时也是该油区发现的第三个亿吨级勘探领域。近些年来，中石油公布数据显示，前几年玛湖油区已经达到年产石油 1.37×10^6 t，已累计产油 1.328×10^6 t，今后几年，将再建年产能 4×10^6 t的油田，争取早日建成新的大油田。

新疆油田2022年油气勘探的"春雷行动"开局良好，证明了准噶尔盆地油气资源勘探潜力巨大，为新疆油田实现"十四五"规划发展目标、全面建设现代化大油气田，以及使中石油实现原油年产量 1×10^8 t以上有效稳产进一步夯实了资源基础。

在现代，中国油气田的开发中，出现了一个很有趣的现象：在东部海域上，开采的是中-新生代陆相油气田；而在西部大陆（新疆与四川）深处，则开采是早古生代—元古宙的海相油气藏。

在准噶尔地块南缘，存在着走向近东西的逆掩断层，切断了三叠纪或早-中侏罗世岩系，学者们推测这些断层也是在中侏罗世末期形成的（图2-4），这是区域近南北向缩短、挤压作用的产物。克拉玛依油田内的逆断层也都是中侏罗世末期形成的。

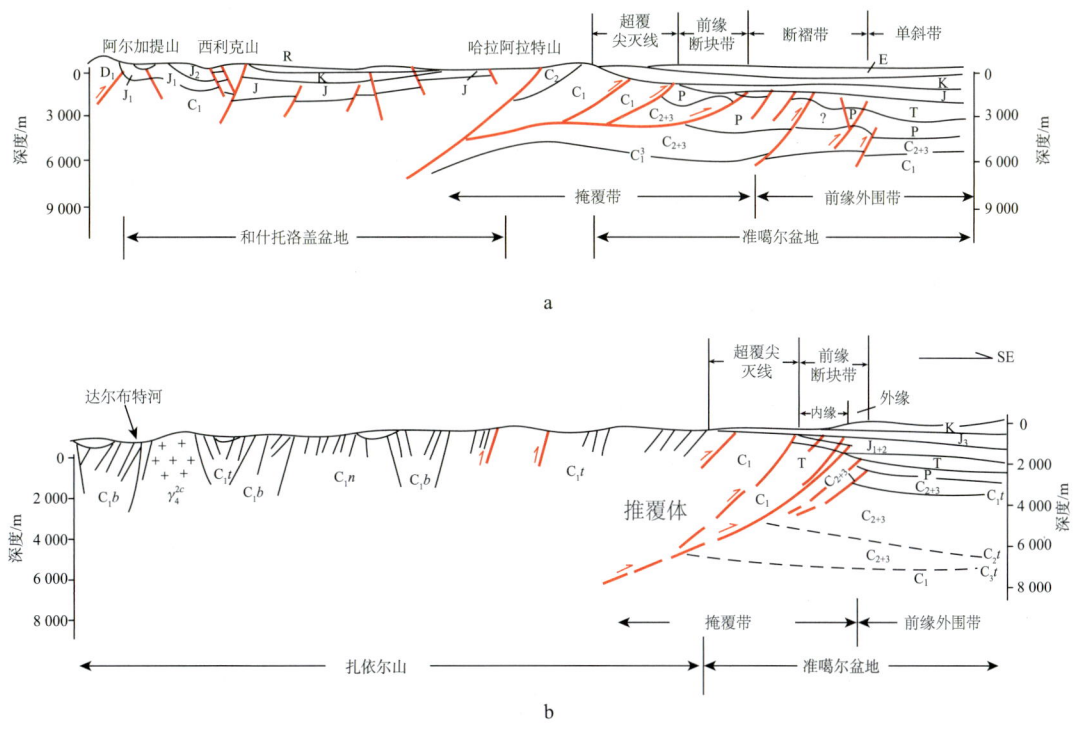

图2-4　准噶尔南缘构造剖面

（据邓勇等，2011）

过去对于天山-准噶尔地区的构造研究，常常只关注晚古生代的构造，而忽视了三叠纪和中侏罗世末期的构造变形作用，这是不应该的。此构造变形与亚洲大陆地壳在侏罗纪时期的逆时针转动有关。根据古地磁的研究成果，此时的准噶尔地块则表现为逆时针转动了30°，地块还发生了相对向南的位移（李永安等，1995）。只不过此时期的构造作用力不如古生代的那么强烈了。

整个来看，准噶尔地块侏罗纪以后的构造活动性都比较微弱，古生代形成的山脉现在均已被夷平。白垩纪—古近纪时期，准噶尔与塔里木、柴达木地区还曾经形成过一个统一的沉积大盆地（王鸿祯，1982；殷鸿福，1988），不过，其构造变形却都相当微弱。在新近纪以来，才隆起形成现代的天山山脉，从而使准噶尔地块变成一个独立的盆地。

近些年来，在准噶尔的南部与西部还发现中新世晚期—上新世岩系内，形成轴向近南北的宽缓褶皱。吐鲁番-哈密油田的南部也发育了轴向近南北的微弱褶皱（郑亚东，私人通信）；此外，在准噶尔南缘伊犁砂岩铀矿床的侏罗系地层内也还存在轴向近南北的中新世晚期—上新世形成的宽缓褶皱。上述现象表明它们可能都是新生代晚期太平洋板块向西挤压的远程效应表现。

四、完达山侏罗纪碰撞带（170~135 Ma）

完达山侏罗纪碰撞带（见图 2-1 之东端，呈南北走向），此碰撞带的主体应该属于俄罗斯远东地区维尔霍扬-楚科奇侏罗纪增生碰撞带的南延段落。该区曾跟随天山北麓-准噶尔-兴安岭带内的许多小地块一起从南半球运移过来的，后来被锡霍特-阿林-科里亚克白垩纪增生碰撞带所错断，成为残留在中国东北地区唯一的侏罗纪碰撞带。按照现代的方位来看，它是燕山期近东西向碰撞挤压作用所残留的地块。

在完达山带内，发育着饶河蛇绿岩套，以基性枕状熔岩和堆晶杂岩体等为主体，代表了三叠纪（228 Ma）俯冲洋壳，或者为洋岛的产物。此外还有石炭-二叠纪的石灰岩、三叠纪的层状燧石层、中侏罗世硅质页岩，以及晚侏罗-早白垩世的陆相砂页岩等，它们都代表了古大洋板块的表层沉积物及其后相关的沉积岩石（田东江，2007）。

多数学者认识到完达山的饶河地区存在早侏罗世（188~173 Ma）的大洋型沉积岩系，而将完达山碰撞带确定为中、晚侏罗世到早白垩世早期形成的，此认识可能是比较合理的（邵济安，1991；邵济安和唐克东，1995；赵春荆等，1996；田东江，2007）。在碰撞带内的饶河花岗岩的测年数据为 130 Ma，此花岗岩体乃是碰撞作用结束后岩浆侵入所形成的。

完达山侏罗纪碰撞带，曾被一些日本学者（Mizutani et al.，1986；Kojima，1989）称为那丹哈达（Nadahada）碰撞带，然而，此命名欠妥，不能代表此碰撞带全部的分布区。

邵济安和唐克东（1995）、Mizutani 等（1986）根据古地磁资料，曾推断此碰撞带内的地块在古生代时期是处在南半球的，后随西伯利亚板块运移到此地。此推断当时引起一些学者的关注和震惊。现在知道，从俄罗斯的布列亚特、中国佳木斯附近和中蒙边界一带的许多小地块都是随西伯利亚从南半球运移到北半球的，完达山地块的大位移并非特例。

第三章 中朝板块构造域

中朝板块（Sino-Korean Plate）构造域（图3-1）是以中国华北和朝鲜半岛的中朝板块为主体，还包括贺兰山-六盘山晚古生代碰撞带，阿拉善-敦煌地块，祁连山早古生代碰撞带（543~397 Ma），阿尔金山左行走滑-碰撞带（早古生代543~397 Ma），柴达木地块，塔里木（南、北）地块以及塔中新元古代碰撞带等构造单元。此构造域的主体是：西起塔里木地块西缘，东至朝鲜半岛和日本飞弹半岛外带（三叠纪，250~210 Ma）碰撞带。

一、中朝板块（自1 800 Ma）

中朝板块最东端的日本飞弹半岛（此为日本学者21世纪初的研究成果，该区各元古宙—古生代地层的特征与中朝板块的主体几乎完全相同，笔者曾参与该区的野外地质考察），北界为巴尔喀什-天山-西拉木伦晚古生代（360~260 Ma）碰撞带的南缘，南界则为扬子构造域北缘的秦岭-大别-胶南-济州岛构造带，该带经过黄海南部，朝鲜半岛南缘济州岛南侧，一直延伸到日本本州的飞弹半岛外带三叠纪（250~210 Ma）碰撞带，而到中朝板块西南端则以兴都库什-帕米尔-西昆仑晚古生代—三叠纪（360~200 Ma）碰撞带为界。

中朝板块主体原来显然定型于南半球，以后才逐渐向北运移，据古地磁研究结果，其中心参考点的位置：寒武纪（543~514 Ma）约位于南纬20.2°，奥陶纪（490~455 Ma）约位于南纬12.9°，石炭纪（354~296 Ma）约位于北纬10.8°，三叠纪早期位于北纬13.9°，三叠纪晚期位于北纬27°，中侏罗世位于北纬31°，晚白垩世位于北纬42.3°，古近纪位于北纬36.6°，第四纪以来位于北纬36.8°（据朱鸿老师的研究成果）。

在中朝板块构造域内的所有地块都具有1 800 Ma的结晶基底，当时它们曾经是一个东起日本飞弹半岛外带和朝鲜半岛，西至塔里木地区的大板块，且都位于南半球的古特提斯洋内。现在多数学者公认中朝板块构造域形成统一结晶基底时期，或者说，板块初始的拼合、碰撞的主要时期为2.0~1.8 Ga（陆松年，2001）。只不过塔里木、柴达木和阿拉善等地块在新元古代或中寒武世以后，都曾先后逐渐与中朝板块分离，后来又回到中朝板块主体的西部。

塔里木地块在新元古代早期已经与中朝板块的主体分离，还曾经一度张裂成南、北塔里木两个地块（图3-1之20），然而，在新元古代中期（800 Ma）这两个地块又重新拼合起来，形成了塔里木中部新元古代碰撞带（图3-1之21），从而再次构成了塔里木地块（吴根耀等，2006）。

塔里木地块和柴达木地块在新元古代—古生代的古生物组合一直都具有显著的亲扬子构造域特征，而阿拉善-敦煌地块（图3-1之16）从中寒武世开始到二叠纪，也都具有显著的亲扬子构造域的生物组合特征，说明当时它们都曾经分别脱离过中朝板块的主体，并位移到扬子板

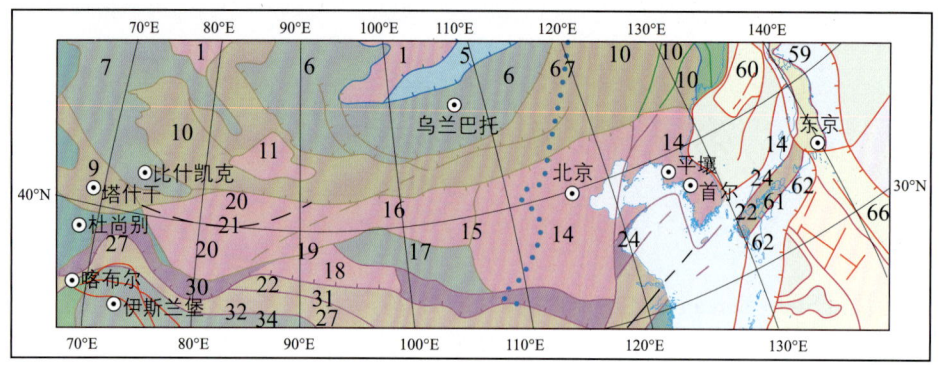

图 3-1　中朝板块构造域的范围
(转引自万天丰，2018)

中朝板块构造域：14—中朝板块主体，其东端为日本的飞騨半岛外带；15—贺兰山-六盘山碰撞带；16—阿拉善-敦煌地块；17—祁连山早古生代碰撞带；18—柴达木地块；19—阿尔金山早古生代左行走滑-碰撞带；20—塔里木地块的北部与南部；21—塔里木中部新元古代碰撞带。**中朝板块以北的构造单元**：1—西伯利亚板块；5—外贝加尔（也称为蒙古-鄂霍次克）侏罗纪碰撞带；6—阿尔泰-蒙古中部-海拉尔早古生代碰撞带；7—卡拉干达-吉尔吉斯早古生代碰撞带；9—西天山晚古生代碰撞带；10—巴尔喀什湖-天山-兴安岭-西拉木伦晚古生代碰撞带；11—准噶尔地块。**中朝板块南侧的构造单元**：22—扬子-日本西南板块；24—秦岭-大别-胶南-日本飞騨外带三叠纪碰撞带；27—东兴都库什-北羌塘-印支板块；30—西昆仑-帕米尔-西兴都库什晚古生代—三叠纪碰撞带；31—金沙江-红河三叠纪碰撞带北段；32—双湖三叠纪碰撞带；34—南羌塘-中缅马苏地块北部。**中朝板块东侧的构造单元**：59—阿留申-堪察加半岛-千岛群岛-库页岛-日本东北部新生代（约 40 Ma）俯冲-岛弧带；60—新近纪日本海断陷盆地；61—日本中央构造线（白垩纪左行走滑断层带）；62—日本本州南部-四国南部-琉球新近纪俯冲-岛弧带；66—伊豆-小笠原-马里亚纳新生代俯冲-岛弧带北段

块附近的古特提斯洋内，而在早古生代晚期又回来，重新向东拼合到中朝板块的西部。

30 多年来，我国与朝鲜、韩国的许多地质学家已经对从元古宙到中、新生代各地层岩系进行了大量同位素测年与地质特征的对比，其成果都证明：整个朝鲜半岛与我国华北地区自古以来一直都具有几乎完全相同的生物地层和地质构造演化特征，许多同位素测年资料也都证明所有相同地质时期地层的同位素年龄都十分接近，显然中国大陆与整个朝鲜半岛之间没有发生过地块的大位移，并且始终是一体的。至于黄海的断陷、形成与东海、南海一样，是在白垩纪—新生代时期，受到澳大利亚板块向北运移挤压作用的影响，而发生近东西向的张裂和断陷作用，从而形成大陆边缘的浅海，它们没有发生过大幅度的水平位移（有个别学者曾经认为朝鲜半岛是从中国大陆向东漂移过去的）。

关于中朝板块西部的区划和范围，在过去几十年内一直都是一个颇具争议的课题。现在认识到：中朝板块（图 3-1）在古元古代末期（约 1 800 Ma 前）形成了统一的结晶基底，其范围西起塔里木，经敦煌-阿拉善和柴达木，向东到华北-辽宁-北黄海，一直到整个朝鲜半岛（包括济州岛）以及日本的飞騨半岛外带等地块。

实际上，之所以出现较多争议的原因是中朝板块构造域西部各地块在不同时期曾发生分离与重新拼合的演化过程。塔里木、柴达木地块从新元古代开始就与中朝板块的主体分离，而阿拉善-敦煌地块则从中寒武世开始与中朝板块的主体（即贺兰山以东地区）逐渐分离，发生位移，从而使它们一度都具有亲扬子板块生物群的典型特征（据中国科学院南京地质

古生物研究所彭善慈教授的研究成果）。然而，在二叠纪末期，由于受到乌拉尔碰撞带形成的影响，在欧亚大陆板块的区域性向东挤压、运移的构造应力作用下，使阿拉善、柴达木及塔里木地块与中朝板块的主体又重新拼合到一起，并在贺兰山-六盘山地区发生向东的挤压-碰撞作用。至于整个朝鲜半岛以及日本的飞驒半岛，始终都属于中朝板块（Wan，2011），只是在新生代受到澳大利亚板块较弱的向北俯冲、挤压的影响，导致中国南海、东海、黄海和日本海的断陷，从而使朝鲜半岛和日本飞驒半岛与中朝板块的主体之间发生了裂陷。

中朝板块的北部是以天山-兴安岭晚古生代碰撞带南缘为界，西端为塔里木地块西缘，南边以昆仑、秦岭-大别-胶南-韩国济州岛，直到日本飞驒半岛外带三叠纪碰撞带为界，东端被日本本州岛走向近南北的棚仓左行走滑断层（Tanakura Tectonic Line）截断，在棚仓左行走滑断层以东地区，实为日本东北部岛弧带的南段。日本的飞驒半岛可以看作中朝板块东端受扬子板块和后期的菲律宾海板块向北挤压后，使其成为中朝板块东端一个残留小地块。

在中朝板块北缘，从内蒙古的温都尔庙到白乃庙一线，已经发现了一系列中、新元古代变质岩系（吴泰然，1998）。白乃庙群的原岩为中基性-酸性火山岩组合，具有双峰式火山岩特征，Sm-Nd 同位素等时线年龄为（1 107±28）Ma。在其北侧的乌拉乌苏角闪岩系，原来为基性火山岩夹碎屑岩组合，Sm-Nd 同位素等时线年龄为（607±46）Ma。在温都尔庙以东的德言其庙，还保留混合岩化角闪岩系，其原岩也是基性火山岩夹碎屑岩，Sm-Nd 同位素等时线年龄为（638±14）Ma。它们都是中朝板块在中、新元古代边缘张裂作用形成的火山-变质岩系建造。

过去很长一段时期内，在我国地质学界曾经有不少学者一直认为中朝板块内部没有中、新元古代的地质记录，这是过去的一个不符合事实的错误认识，也与当时研究程度较低且未进行区域地质调查以及缺乏同位素测年资料有关。

中朝板块南界的东延部分，长期以来也存在争议，我国一些学者曾经认为中朝板块的南界是从山东诸城-荣成断裂一直向东延伸，直指朝鲜半岛中部的临津江一线。21世纪以来，中国科学院地质与地球物理研究所翟明国院士和中国科学院南京地质古生物研究所的很多专家学者通过多次野外实地考察与研究，已经得出了不同的结论。临津江地区根本不存在任何断层碰撞带迹象，朝鲜半岛南部和北部的结晶基底与华北地区都几乎相同，其古生代和中生代的沉积地层和古生物组合特征也与华北地区相同，完全可以进行对比（Wan and Zeng，2002）。

20世纪初，在韩国西南海岸发现了含榴辉岩的高压变质岩块（Oh et al.，2005，2006），它们显然是在中朝板块南缘碰撞带附近形成的，而后来被黄海东缘的右行走滑断层（走向 SSE）向南错动所带过来的小岩块，从而残留在朝鲜半岛的西南海岸（Wan and Hao，2010）。

近十几年来，Kim 和 Cho（2003）在朝鲜半岛南端的岭南地块东北部花岗岩体内测得 1 900 Ma 的年龄数据。Sagong 等（2003）在朝鲜半岛南部的京畿与岭南地块内，用 Sm-Nd 和 U-Pb 法测得石榴子石的变质年龄都在 1 989 Ma 与 1 835 Ma 之间。这些测年数据与中国华北地区结晶基底年龄十分相近。

因而，现在国内外多数学者都认识到朝鲜半岛与中国华北地区应该同属中朝板块。如果再考虑到中朝板块在中、新元古代曾经在东部和北部发生过边缘张裂作用，并派生一系列新元古代岩浆岩体和火山岩系，几乎与此同时，在朝鲜半岛南部也出现了新元古代岩浆侵入活动就不奇怪了，这些都是中朝板块边缘张裂作用的产物。

现在看来，单凭几个局部的年龄数据确认朝鲜半岛南部属于冈瓦纳大陆的澳大利亚板块，或者说，它们具有亲扬子板块的特征，显然是不正确的，是缺乏事实依据的，并没有掌握中朝板块在各个部位的特征。

当柴达木、塔里木和阿拉善等地块在新元古代到中寒武世都逐渐脱离中朝板块的主体之后，就在特提斯洋的内部拼合成了西域板块（据高振家等，1983年命名）。然而，在古生代晚期由于受到乌拉尔碰撞带向东挤压、运移的远程效应影响，上述地块又一起向东运移、重新与中朝板块拼合在一起，从而使之在晚古生代末期形成近南北走向的贺兰山-六盘山碰撞带，以致整个西域板块（包含阿拉善、祁连山、柴达木和塔里木等地块）又重新回归且拼合到中朝板块主体的西部（图3-1）。

贺兰山-六盘山碰撞带附近，在中寒武世末期发生张裂，曾使中朝板块的主体与阿拉善-敦煌地块分离，三叶虫等古生物化石资料表明，此带以西的阿拉善-敦煌地块在早寒武世的生物群与中朝板块华北地区的仍完全一致；然而从中寒武世开始，则明显地具有亲扬子板块生物群（根据十几个典型的化石）的特征（据中国科学院南京地质古生物研究所彭善慈教授2003年鉴定，私人通讯；Wan，2011），说明阿拉善-敦煌地块等曾经在中寒武世时期向西南运移，脱离了中朝板块的主体，从而向南运移到扬子板块附近的特提斯海域内。

关于贺兰山-六盘山碰撞带的成因，长期以来也一直存在争议。有学者按照槽台假说的观点认为：贺兰山-六盘山晚古生代碰撞带仅仅是中朝板块内部的一个"坳拉谷"（aulacogen），认为中朝板块的主体与阿拉善地块从来都没有分离过。但是，这与许多古生物化石的证据有很大矛盾。在中寒武世到早古生代晚期，阿拉善地块的生物群都显著地具有亲扬子板块的特征，显然当时它与中朝板块并不是连接在一起的。因而，贺兰山-六盘山及其以西的阿拉善地块及祁连山、柴达木和塔里木等西域地块在中寒武世——二叠纪晚期，都应该处在扬子板块附近的古特提斯大洋环境中。

纵观多种地质资料，尽管对于贺兰山-六盘山晚古生代碰撞带还存在不同的认识，但就目前的资料来看，上述认识是比较合理的。根据地震勘探剖面资料（如六盘山以西附近，近东西向马家沟剖面）可知，在此走向南北的构造带，在地表之下的侏罗系及其下的地层，曾遭受过东西向挤压（受到乌拉尔碰撞带形成时欧亚大陆板块整体向东运移），以致形成强烈的走向近南北、低角度对冲型逆掩断层系，而在白垩纪以后，整个中朝板块（包括其西部各地块）则仅仅形成相当微弱的板内变形。古近纪末期受太平洋板块向西挤压的影响，在六盘山和贺兰山两侧都逐渐形成高角度逆断层，并使其隆升成山。新生代时期其微弱的向西挤压作用是太平洋板块向西俯冲挤压的远程效应的结果。

上述即为中朝板块在不同地质时期形成演化的复杂历程。中朝板块构造单元的裂解、分离和恢复拼合是随时间而变化的，并不是一成不变的。这可能是国内地质学界长期以来对中朝板块的分布范围产生很多分歧意见的主要原因。

二、阿拉善-敦煌地块（自1 800 Ma）

阿拉善-敦煌地块（图3-1之16）定型于1 800 Ma，其原始结晶基底与中朝板块完全相同。在此地块内的叠布斯格群角闪岩相岩石内，获得3 219 Ma的全岩Rb-Sr等时线年龄，在巴彦乌拉山花岗闪长质片麻岩内获得过（2 082±22）Ma的锆石颗粒U-Pb年龄。沈其韩等（2005）对叠布斯格岩群中的斜长角闪岩原岩进行了研究，也确认它形成于新太古代—古元古代，在含黑云母斜长角闪岩中的角闪石^{39}Ar-^{40}Ar的坪年龄和等时线年龄分别为1 918 Ma和1 919 Ma，都说明该区岩石确实经历了古元古代角闪岩相变质作用的叠加。巴彦乌拉山岩组中斜长角闪岩形成于2 271~2 264 Ma，波罗斯坦庙片麻杂岩中的斜长角闪岩已被1 818 Ma和1 839 Ma花岗片麻岩侵入。根据此杂岩体内的斜长角闪岩与巴彦乌拉山岩组中同类岩石的地球化学特征，笔者认为它们也都形成于古元古代，其岩层均以片麻岩为主，夹斜长角闪岩。李俊健等（2004）获得的花岗闪长质片麻岩单颗粒锆石U-Pb法的年龄为（2 082±22）Ma，取得了比较可靠的测年数据，从而认为此岩系为古元古代。李志深（1994）对敦煌地块内的中深变质岩系——敦煌群进行了同位素测年，也获得Sm-Nd等时线年龄值2 935 Ma、2 946 Ma和3 487 Ma，时代均属于太古宙。北山南带的中深-浅变质岩系，经1∶20万及1∶5万区调修测，在中深变质岩系中获得Sm-Nd等时线年龄值2 949 Ma、2 956 Ma、3 237 Ma、2 203 Ma及2 059 Ma，它们也都分别划归敦煌群，并属于太古宙与古元古代。在浅变质岩系中获得Sm-Nd等时线年龄值1 622 Ma、1 624 Ma以及Baicalia等叠层石，时代均应归属于古元古代晚期。上述资料都说明，在太古宙到古、中元古代，该区确实都具有与中朝板块完全相同的构造热事件与成岩作用的特征。

近年来，耿元生等（2012）在贺兰山-六盘山碰撞带西侧、阿拉善变质基底中发现了大量早二叠世弱变形花岗岩类。采自阿拉善东部闪长质片麻岩、含石榴子石英云-闪长质片麻岩、英云闪长岩、条痕状黑云斜长片麻岩和片麻状花岗岩的锆石U-Pb年龄分别为（270±1.6）Ma、（276±1.8）Ma、（269±2.4）Ma、（276±2.4）Ma和（287±2.5）Ma，它们都形成于二叠纪，是乌拉尔碰撞带向东运移、挤压造成的变质-花岗岩系。

在阿拉善巴彦乌拉山出露的采自阿拉善变质基底西部的花岗-闪长质片麻岩、闪长质片麻岩、粗粒花岗闪长质片麻岩和中粒闪长质片麻岩内的锆石LA-ICP-MS U-Pb年龄分别为（284±3）Ma、（289±3）Ma、（279±2）Ma和（276±2）Ma。尽管有一些早二叠世花岗岩的岩石类型和化学成分不完全相同，但它们都形成于269~289 Ma的一个较短的时间范围，均属于同一时期构造-岩浆热事件的产物。上述早二叠世花岗岩的形成年龄与基底变质岩中角闪石^{39}Ar-^{40}Ar的坪年龄（277~288 Ma）都近乎一致，在阿拉善变质基底中大量早二叠世花岗岩类侵入体的发现，表明阿拉善变质基底在古生代晚期受到乌拉尔碰撞带向东挤压作用的较强烈影响，在贺兰山-六盘山晚古生代发生向东挤压-碰撞作用时，伴生了构造岩浆活动。这也是贺兰山-六盘山存在晚古生代碰撞带的一个重要证据。

卿芸（2010）系统研究了阿拉善右旗塔木素地区宗乃山—沙拉扎山前寒武纪变质岩系的地质特征，进一步划分了变质相带，在前寒武纪表壳变质岩系三套岩组的时代，经测定均为（1 404±100）Ma前后，即为中元古代绿片岩相—低角闪岩相，原岩为泥质砂岩，构造环境则处于被动大陆边缘。

过去在中朝板块内部，长期没有发现新元古代构造-热事件，而扬子板块广泛发育新元古代构造热事件，从而一些学者误认为如某个地区发现新元古代岩系地块就一定属于扬子板块。但是，近年来，在阿拉善哈布达哈片麻岩和变形花岗岩中获得了（1 077±11）Ma、

(928±7)Ma 和 845 Ma 的颗粒锆石逐层蒸发法年龄结果（耿元生等，2007）。上述资料也都说明中朝-阿拉善-敦煌地区都具有中元古代晚期和新元古代的测年数据。总之，发育新元古代岩系并不是扬子板块特有的特征。

三、祁连山早古生代碰撞带（540～390 Ma）

祁连山早古生代碰撞带（540～390 Ma，寒武纪—早泥盆世；图3-1 之 17）是发育在阿拉善-敦煌地块与柴达木地块之间的碰撞带，在中寒武世以来，它们都位于古特提斯洋内。其南北两侧的地块（阿拉善地块与柴达木地块）当时都属于西域板块。该带是东亚大陆早古生代晚期构造变形-变质作用与岩浆活动最强烈的地带之一（板块碰撞作用的高潮在 400～390 Ma），在碰撞带内，存在一系列早古生代蛇绿岩套。在碰撞带内还残留古元古代形成的两个较小的中祁连地块与化隆地块，它们都经历了早古生代晚期强烈构造-岩浆活动的改造，后期还受到三叠纪近南北向挤压作用，以致该带所有地层的产状几乎都近于直立。

北祁连与南祁连（宗务隆）边缘地带形成的逆掩断层系就构成此碰撞带的南北边界，有一系列榴辉岩与蛇绿岩套沿断层展布，它们均形成了岩石圈断裂。现代祁连山碰撞带的岩石圈厚度较大，可能达到 120 km。Zhang 等（2000）对北祁连含硬柱石榴辉岩进行锆石 SHRIMP U-Pb 年龄的测定，得到其变质年龄为 477～489 Ma（也即属于晚寒武世—早奥陶世）。在祁连山、阿尔金地区还获得了许多新元古代岩浆-变质年龄，这说明该区在新元古代就曾发生过初步的构造-热事件。

祁连山早古生代碰撞带，现在都被西域板块包围，似乎它只是处在一个早古生代"陆内小洋盆"内。但根据古地磁资料来，早古生代早期祁连山附近地区存在大洋，属于广阔的古特提斯洋的一部分，当时并不存在周围地块把祁连山地区的洋盆圈闭起来的现象。因而，祁连山地区的古洋盆并不是阿拉善-敦煌、柴达木和塔里木之间的一个"陆内小洋盆"。

四、柴达木地块（自 1 800 Ma）

柴达木地块（图3-1 之 18）在中元古代以前一直属于中朝板块西部，它具有与中朝板块相同的结晶基底（白瑾，1996）。在柴达木地块北缘，近年来识别出一条规模宏大的古元古代岩浆杂岩带——达肯大坂群，它是结晶基底形成时期的产物，其中还含有许多断片，存在许多花岗片麻岩，其同位素年龄为（1 020±41）Ma 和（803±8）Ma，这是新元古代内部发生局部汇聚的标志（陆松年，2001）。新元古代中期（约 800 Ma）柴达木地块就已经与中朝板块的主体分离，发育了与扬子板块相似的、新元古代形成的南坨冰碛岩［也即全吉群，中基性火山岩的同位素年龄为（738±28）Ma；陆松年，2001］。

柴达木地块在新元古代—古生代一直具有亲扬子板块的生物群组合，说明它与扬子板块处在同一个生物古地理区系内、纬度相近的地区。在早古生代中晚期，也即从早泥盆世开始，柴达木地块与阿拉善-敦煌地块、塔里木地块等一起就拼合成西域板块（高振家和吴绍祖，1983），其拼接带就是祁连山早古生代碰撞增生带（图3-1 之 17）与阿尔金早古生代左行走滑-碰撞带（图3-1 之 19）。而到晚古生代晚期（晚石炭世—中二叠世），它们又都向东朝中朝板块的主体（包含阿拉善-敦煌地块，祁连山早古生代碰撞带）的东北方向拼合，恢复了中朝板块的总体范围,使它们又都成为潘基亚大陆的一部分(见图1-10,图1-11)。

尽管后来,柴达木地块在中新生代多次受到近南北向不太强的挤压作用,但地块内部南北向缩短、增厚现象并不明显,至今地壳厚度仍保持在38 km左右。与其南北两侧的祁连山和昆仑山相比,柴达木的莫霍面存在轻微的相对隆起一点的现象。但没有人认为现今柴达木盆地是受地幔上隆、张裂而形成的,都认为是在南北两侧碰撞带的山区内,花岗质岩石密度较低,相对上浮,可能存在山根;而柴达木盆地深部岩石密度相对较大,因而在地表发生相对下沉,以致地壳厚度薄一些(Wan,2011)。

五、阿尔金山早古生代左行走滑-碰撞带(543~397 Ma)

阿尔金山早古生代左行走滑-碰撞带(543~397 Ma;图3-1之19)在塔里木地块和柴达木地块之间发生碰撞和拼合,与祁连山碰撞带几乎同时形成,在阿尔金山一带构成了左行走滑-碰撞带,其碰撞-走滑作用的高潮发生在早古生代中期,从而构成了统一的西域板块(高振家和吴绍祖,1983)。张建新等(1999)在阿尔金左行走滑-碰撞带西南段麻粒岩相的孔兹岩系中,测定了岩石内变质锆石的U-Pb及Pb-Pb同位素,获得了447~462 Ma的年龄值,这些测年资料代表了其麻粒岩相变质作用的时代,也就是说,这是该走滑-碰撞带的初始活动年龄。他们还进行了矿物形成时期的温度、压力计算,得到其峰期变质温度为700~850℃,压力为0.8~1.2 GPa。后来,张建新等(2011)在中阿尔金地块和南阿尔金俯冲碰撞杂岩带的深变质岩中,测得锆石U-Pb年代学数据,表明那里还记录了新元古代早期(920~940 Ma)、新元古代晚期(760 Ma左右)和早古生代(450~500 Ma)的三期构造热事件,证实了在新元古代中期,柴达木地块与塔里木地块在早古生代拼合过程中,阿尔金断裂带确实曾发生过三次构造碰撞事件。

阿尔金古生代左行走滑-碰撞带,长期具有压剪性活动特征。在早古生代晚期开始明显地将祁连山碰撞带切断。其两侧的地质构造单元均可相应地对比,它的左行走滑的总断距在400 km左右。它是在早古生代晚期、三叠纪(250~220 Ma)、白垩纪(112~83 Ma)、新近纪(左行滑移速度为16~20 cm/a)和第四纪以来(左行滑移速度为6.4 mm/a)多次、不同幅度的左行走滑的结果(据国家地震局《阿尔金活动断裂带》课题组,1992;葛肖虹等,1998;许志琴等,1999;陈正乐等,2001)。至于,此断层在各个时期的走向滑动量与走滑速度的估算值至今尚有分歧意见,需今后进一步详细研究。

六、塔里木地块(自1 800 Ma)

塔里木地块(图3-1之20、21)结晶基底在古元古代末期形成,与中朝板块同时形成,原来是中朝板块构造域最西面的部分(白瑾,1996)。辛后田等(2011)对塔里木地块东南缘的阿克塔什塔格地区古元古代侵入体进行SHRIMP锆石U-Pb测年,获得片麻状闪长岩、片麻状石英闪长岩、灰白色钠质混合岩和长英质岩脉的结晶年龄分别为(2 135±110)Ma、(2 051.9±9.9)Ma、(2 050±16)Ma,石英正长岩的结晶年龄为(1 873.4±9.6)Ma。此外,地块东部敦煌岩群内火山岩的年龄为(2 140.5±9.5)Ma。古元古代变质岩都具有2.38~2.27 Ga和2.05~1.9 Ga的两期变质年龄段。在古元古代中期(2 050~1 930 Ma),壳源岩石发生强烈的深熔作用形成火成碳酸岩、石英闪长岩以及钾质混合岩化，先存岩石曾经遭受过角闪岩相变质和强烈的韧性剪切变形，并形成了统一的结晶基底。此精细年代格架的建立，表明塔里木地块古元古代及其以前的地质演化与中朝板块具有十分一致的亲缘性。显然，它与中朝板块主体同时形成了统一的结晶基底，原始的中朝板块在古元古代时期确实应该是包括从日本飞騨半岛、朝鲜半岛、华北地区，一直到塔里木地块的广大地域。

20多年前，当笔者首次到新疆从事地质工作时，曾担心不认识那里的地层，但到当地发现，元古宙地层特征居然与华北地区一模一样。中元古代时期，塔里木地块与中朝板块东部具有十分相似的沉积岩系、沉积相与沉积建造。

从新元古代开始，塔里木地块与中朝板块的主体发生裂解、分离，后来塔里木地块还分裂，形成了南、北两个结晶地块（图3-1）。然而，在新元古代中期（玄武岩Ar-Ar年龄为825~837 Ma）在塔中地带实现了南、北塔里木地块的重新拼合，从而形成了塔中碰撞带（吴根耀等，2006）。这就是说，在全球罗迪尼亚大陆普遍裂解的时期，中国西部塔里木陆块还曾经发生重新聚合的现象（陆松年，2001）。后来，它们还在新元古代及以后的时期运移到赤道附近，使之具有与亲扬子板块相近的生物群组合与沉积特征（当然与之略有差异；Wan，2011）。

在早泥盆世时期，受到欧亚大陆板块向东运移、挤压作用的影响（应该是与走向南北的乌拉尔碰撞带的形成相关），塔里木地块与敦煌-阿拉善地块、柴达木地块都向东拼合成西域板块（高振家和吴绍祖，1983），在晚古生代晚期（石炭纪—中二叠世）整个西域板块就向东与中朝板块的主体重新拼合在一起，并一起向北汇聚，形成天山-兴安岭晚古生代碰撞带，使它们都成为潘基亚大陆的一部分。

此后，塔里木地块曾经受到较弱的印支期板内变形，其后的侏罗纪—白垩纪—古近纪的构造活动性都相对微弱，仅在局部地区发育较微弱的构造变形，形成比较广阔的河湖相沉积，使准噶尔、塔里木与柴达木构成一体化的沉积盆地。古近纪以后，受到印度板块继续向北俯冲、挤压的远程效应影响，塔里木地块分别朝其南北的天山和昆仑山汇聚和俯冲，并在塔北边缘地带形成一系列近东西向冲断-褶皱系，在冲断层面之下的"三角带"常常聚集良好的油气藏，形成很有价值的塔北油田。

在新生代时期，受印度板块不断向北运移、挤压作用的影响，整个塔里木地区以及其附近地区的深部则以大量发育近南北走向、陡倾斜的张剪性节理系为特征，它们就成为裂隙型油气藏、地下淡水或地下热水的良好储集部位，应该说，这些油气藏和地下热水储集构造的最后定型时期主要在新近纪以来（Wan，2011），显然它们都是受印度板块向北运移和挤压而形成的。

近年来，通过盆地内部锆石U-Pb测年分析表明，塔里木地块的基底存在3 100~2 950 Ma、2 400~2 100 Ma、2 000~1 900 Ma、1 600~1 300 Ma、950~900 Ma、800~700 Ma、560~540 Ma、500~400 Ma、270~290 Ma和现代等一系列构造-热事件的影响。这证明上述构造事件的分析是正确的，即塔里木地块确实曾经历了太古宙、古元古代末期、中元古代，早、晚古生代，以及现代构造热事件（邬光辉等，2012）。

根据最新的地震反射剖面资料来看，天山和塔里木地块深部莫霍面的滑脱面基本都是平整的，深度在地下60~53 km之间，这说明它们两者之间并不存在岩石圈断层或"山根"现象,这就是说,现存的现象都是在古莫霍面附近的滑脱,也可以说是古老的岩石圈断层已经被后期莫霍面附近的滑脱面所改造,现在能够测出的都是壳内断层。

总之,在中朝板块内部的各地块,从元古宙到古生代末期,曾经在古特提斯洋内分别经历过从初始形成、逐渐离散到再重新拼合的复杂演化过程。这就是长期以来在我国地质学界内,有很多学者对于中朝板块的划分范围一直存在各种分歧意见的主要原因。

七、塔里木中部新元古代碰撞带(约 800 Ma)

在塔里木中部(Central Tarim)早已发现具有正高磁异常,也即形成了塔里木新元古代碰撞带(约 800 Ma;图 3-1),后来经过钻探揭露,确认这是一个隐伏的基性岩浆岩带,已经发现变质、变形的新元古代基性火山岩与侵入岩,说明该区曾经出露过洋壳,其 Ar-Ar 同位素年龄为 825~837 Ma,它们是塔中新元古代碰撞带形成的重要证据,从而造成了塔里木南、北地块的重新拼合(吴根耀等,2006)。

综上所述,阿拉善-敦煌地块、祁连山早古生代碰撞带、阿尔金山早古生代左行走滑-碰撞带和柴达木与塔里木地块,在早古生代晚期到早泥盆世汇聚到一起,曾经构成了西域板块(高振家和吴绍祖,1983),并使生物群组合都明显地具有亲扬子板块的特征。从中二叠世开始,西域板块就朝东北方向运移,以致它们在古生代晚期又全部重新拼合到中朝板块西部。

其后,在印支期(250~200 Ma)进一步受到区域性近南北向最大主压应力作用的影响。而侏罗纪时期在区域性较弱的、近 WNW 向最大主压应力作用影响下,产生了一点近南北向的伸展作用,在西域板块内则形成许多走向 WNW 向的断陷盆地,如酒泉-武威、腾格里、吉兰泰与敦煌等盆地。

在近代,新疆、青海和西藏的深部普遍受到印度板块向北挤压的影响,产生了大量近南北走向的张剪性裂隙系,使之成为深部蕴藏油气藏、地下水(淡水)和地热水的有利部位。

根据地震波反射剖面资料,在莫霍面附近,西域板块(包括阿拉善-敦煌地块、祁连山早古生代碰撞带和柴达木与塔里木地块)的壳幔之间,明显地存在一个过渡带。而在中朝板块贺兰山及其以东地区,在莫霍面附近则是地震波的突变带。这说明中朝板块的主体与西域板块在地壳深部结构上,确实还存在一些差异(Wan,2011)。然而,西域板块在古生代晚期又重新拼合到中朝板块西侧,并再次成为中朝板块构造域的一部分。

总之,散布在古特提斯洋内的中朝板块构造域的各个地块,在不同地质时期的分布范围在不断地变化,有时离散有时又聚合。若仅仅抓住某一时期一些地块的某些分布特点,确定中朝板块的大小和范围,会引发许多争论。笔者对中朝板块构造域内部各地块离散和聚合的动力学机制,提出了一些见解,与国内不少学者的观点不完全相同,此问题今后还可进一步深入研究。

第四章 扬子板块构造域

扬子板块构造域（Yangtze Plate Tectonic Region；图 4-1 之 22-31 和 63）包括了下列构造单元：扬子-日本西南板块（图 4-1 之 22），皖南-赣东北-雪峰山-滇东（也曾称为江南断层带）新元古代碰撞带（图 4-1 之 23），秦岭-大别-胶南-日本飞驒外带三叠纪碰撞带（250~210 Ma；图 4-1 之 24），绍兴-十万大山中三叠世碰撞带（240~228 Ma；图 4-1 之 25），华夏板块（图 4-1 之 26），东兴都库什-北羌塘-印支板块（图 4-1 之 27），南海板块（图 4-1 之 28），巴拉望-沙捞越-曾母暗沙地块（图 4-1 之 29），西昆仑-帕米尔-西兴都库什晚古生代—三叠纪碰撞带（360~200 Ma；图 4-1 之 30），金沙江-红河三叠纪碰撞带（250~200 Ma；图 4-1 之 31），台湾东侧纵谷带（图 4-1 之 63）等构造单元。

上述各地块结晶基底的形成时期，可分为三期：

新元古代中期（约 800 Ma）形成扬子-日本西南板块（图 4-1 之 22），皖南-赣东北-雪峰山-滇东新元古代碰撞带（图 4-1 之 23）的形成，使南、北扬子地块拼接成一个大的扬子板块，几乎同时还形成东兴都库什-北羌塘-印支板块（图 4-1 之 27）。然而，此时期全球很多地块均处在离散过程中。

晚古生代晚期—三叠纪形成了秦岭-大别-胶南-日本飞驒外带三叠纪碰撞带（250~210 Ma；图 4-1 之 24）、华夏板块（图 4-1 之 26）、西昆仑-帕米尔-西兴都库什晚古生代—三叠纪碰撞带（360~200 Ma；图 4-1 之 30），金沙江-红河三叠纪碰撞带（250~200 Ma；图 4-1 之 31）等。而台湾东侧纵谷带（图 4-1 之 63），始于白垩纪晚期，中国南海中部的新生代断陷盆地及其南端的巴拉望-沙捞越-曾母暗沙地块（图 4-1 之 29）则是在白垩纪晚期—新生代时期才逐渐发生断裂和断陷，成为处在台湾岛的东缘或海域之中，也曾发生过一点碰撞作用。

扬子板块的主体也定型于南半球，后来才逐渐向北运移，据古地磁研究结果，其中心参考点的位置：寒武纪（513~500 Ma 前）约位于南纬 11.7°，奥陶-泥盆纪（410~373 Ma 前）约位于南纬 6.9°，石炭纪（354~321 Ma 前）约位于北纬 2.3°，二叠纪（295~258 Ma）位于北纬 3.3°，三叠纪早期（250~242 Ma 前）位于北纬 10.6°，三叠纪晚期（227~206 Ma）位于北纬 17.7°，早-中侏罗世（190~166 Ma）位于北纬 24.8°，晚白垩世（100~66 Ma）位于北纬 31.3°，古近纪（65~24 Ma）位于北纬 28.5°，第四纪以来则位于北纬 28.4°。上述资料说明扬子板块在二叠纪以前处在中朝板块北部，而从三叠纪中晚期以来则一直处在中朝板块南部，以致最后向北与中朝板块发生碰撞。

皖南-赣东北-雪峰山-滇东新元古代碰撞带（800 Ma；图 4-1 之 23），此时除了使南、北扬子地块拼接成一个大的扬子板块外，在三叠纪时期，在亲扬子构造域内共形成四个三叠纪碰撞带：即扬子板块北侧的秦岭-大别-胶南-日本飞驒外带三叠纪碰撞带（250~210 Ma；图 4-1 之 24），南、北扬子板块之间的绍兴-十万大山中三叠世碰撞带（240~228 Ma；图 4-1 之

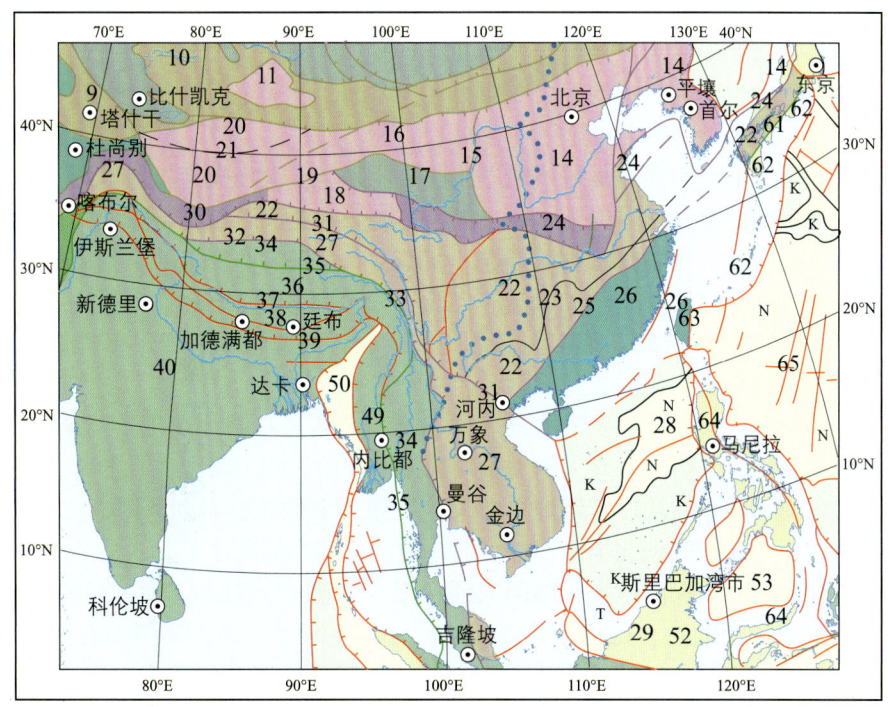

图 4-1 扬子板块构造域及附近构造单元分布图

扬子板块构造域：22—扬子-日本西南板块；23—皖南-赣东北-雪峰山-滇东新元古代碰撞带；24—秦岭-大别-胶南-日本飞驒外带三叠纪碰撞带；25—绍兴-十万大山中三叠世碰撞带；26—华夏板块；27—东兴都库什-北羌塘-印支板块；28—中国南海断陷盆地（K），其中部为中沙群岛裂陷槽（N）；29—巴拉望-沙捞越-曾母暗沙地块；30—西昆仑-帕米尔-西兴都库什晚古生代—三叠纪碰撞带；31—金沙江-红河三叠纪碰撞带；63—台湾东侧纵谷带。**中朝板块构造域**：14—中朝板块主体；15—贺兰山-六盘山碰撞带；16—阿拉善-敦煌地块；17—祁连山早古生代碰撞带；18—柴达木地块；19—阿尔金山早古生代左行走滑-碰撞带；20—塔里木地块的北部与南部；21—塔里木中新元古代碰撞带。**附近其他地区的构造单元**：9—西天山晚古生代碰撞带；10—巴尔喀什湖-天山-兴安岭西拉木伦古生代碰撞带；11—准噶尔地块；32—双湖三叠纪碰撞带（向南至曼谷）；33—昌宁-孟连-泰国清莱-中马来亚三叠纪碰撞带；34—南羌塘-中缅马苏地块；35—班公错-怒江-普吉-马里散北缘白垩纪碰撞带；36—冈底斯地块；37—雅鲁藏布-密支那古近纪晚期碰撞带；38—喜马拉雅地块；39—喜马拉雅南缘主边界断层系；40—印度板块；49—西缅甸板块；50—阿拉干-巽他新生代俯冲-岛弧带；52—东加里曼丹白垩纪碰撞带；53—苏拉威西地块；61—日本中央构造线（白垩纪左行走滑断层线）；62—日本本州南部-四国南部-琉球新近纪俯冲-岛弧带；64—菲律宾西侧-马鲁古双岛弧-海沟带；65—菲律宾海板块。**蓝色粗点线**：其以东地区具有陆壳洋幔型岩石圈（厚度小于 90 km）；而其以西地区则为增厚型大陆岩石圈（一般厚度都大于 100 km，青藏地区厚度最大，可达 200 km）

25），西昆仑-帕米尔-西兴都库什晚古生代—三叠纪碰撞带（360~200 Ma；图 4-1 之 30）以及金沙江-红河三叠纪碰撞带（250~200 Ma；图 4-1 之 31）。

另外，在我国亲扬子构造域与冈瓦纳构造域之间的碰撞带，则在三叠纪形成了双湖三叠纪碰撞带（图 4-1 之 32）和昌宁-孟连-泰国清莱-中马来亚碰撞带（图 4-1 之 33），它们几乎也同时在三叠纪（250~200 Ma）前后发生碰撞和拼合，以致使南羌塘-中缅马苏地块（图 4-1 之 34）以东及以北的中国大陆各板块都并入潘基亚大陆，从而造成三分之二的亚洲大陆就都成为潘基亚（Pangea）超级大陆的一部分（见图 1-12）。这也就是说，中国大陆主体（四分之三）的基本定型时期是从三叠纪开始的。

亚洲大陆在三叠纪的大规模增生是由东特提斯洋大幅度向北扩张造成的，从而使中国大陆的主要陆块都在向北运移和汇聚（见图1-12）。在三叠纪地块大规模向北运移的同时，中国南部的扬子板块发生了较广泛的板内变形，在此之前，中国绝大多数地区几乎没有形成显著的强构造变形。

三叠纪是亚洲大陆受印度洋板块不断向北扩张的影响，大规模地扩展范围，产生大量构造变形和地块增生的主要时期。但此时期在西半球的潘基亚大陆正开始张裂，以非洲西北部巨大陨击坑为中心和放射状岩浆岩脉的形成，使南、北美洲与非洲大陆呈现出放射状的张裂与离散（见图1-12），逐渐开始形成原始的大西洋盆，与此同时全球许多板块都在缓慢地向北运移（见图1-13，图1-14）。值得注意的是，全球各地区强构造变形事件都是在不同时间、以不同方式逐渐发生变化的。

中国大陆以东地区（图4-1）具有陆壳洋幔型的大陆岩石圈（厚度小于90 km），是因为从侏罗纪时期开始，受伊佐奈歧大洋型板块向西俯冲的影响。需要注意的是，当时太平洋板块还在南半球澳大利亚陆块以东地区，尚未扩展到北半球的日本列岛附近。白垩纪以来，太平洋板块才逐渐向北扩展到北半球，并可向西俯冲到日本列岛之下。

根据近年来地球物理探测结果，中国大陆在图4-1蓝色点线以东地区为陆壳洋幔型岩石圈（岩石圈厚60~80 km），蓝色点线以西地区才是逐渐增厚的大陆型岩石圈（最大厚度为170~200 km；万天丰，2011），而青藏高原下面的岩石圈厚度则普遍都为200 km，为全世界大陆岩石圈厚度最大、地表地形最高的地区。

一、扬子-日本西南板块（自800 Ma）

扬子-日本西南板块（Yangtze-Southwest Japan Plate；图4-1之22），从西向东，大体上包括帕米尔以东，从可可西里-巴颜喀拉山-甘孜-阿坝，到几乎整个扬子江流域、黄海南部以及日本本州岛西南部等地区，是一个受后期构造变形影响很大的残留板块。北扬子板块（见图1-5之YZB）几乎包括了整个扬子江流域，即从青海南部、四川、湖北、湖南北部、安徽南部、江苏大部分地区、江西北部到浙江北部和上海等地区。南扬子板块（图1-5之YZN）则包括了浙江中南部、江西中南部、湖南中南部、广东、广西以及滇东等地。

扬子板块与中朝板块，从结晶基底、形成年代、构造演化、古生物、古地理、区域地球化学等方面都具有一系列显著不同的特征，两者可以很好地区分开来（Wan et al.，2002）。

在扬子板块内部存在一些太古宙—古元古代的陆核（例如，康滇的东部、贵州梵净山和鄂西黄陵背斜等地）都发生过古、中元古代等多次（2 500 Ma、1 800 Ma、1 000 Ma）构造热事件。近年来，大量测试数据表明新元古代中期（800 Ma前后）才是扬子板块形成统一结晶基底和完成南、北扬子板块拼合的主要时期，也在南、北扬子板块之间形成了江南碰撞带（皖南-赣东北-雪峰山-滇东新元古代碰撞带；图4-1之23）。此聚合作用时期（800 Ma）与全球其他地区的很不同步，那时正好是全球许多地块都发生离散的时期（见图1-4）。说明扬子板块的聚合与罗迪尼亚大陆离散的演化过程是完全不同步的（陆松年，2001；陆松年等，2010）。过去认为全球各地块都能同时发生构造聚合或离散（Stille，1924）的说法，显然是不符合事实的。

扬子板块的中心参考点，在寒武纪时期位于南纬11°，地块的长轴为近南北向的（见图1-6），以后逐渐向北运移，并使地块的长轴逐渐转动成为近于东西向的（见图1-7至图1-10），到二叠纪晚期才越过赤道（见图1-11），中三叠世到达北纬18°（见图1-12），晚三叠世才到达北纬27°附近，并在秦岭-大别-胶南-日本飞驒外带发生了与中朝板块的碰撞，这样才形成了与现今中国大陆东部比较接近的分布位置与形状（见图1-15），以后地块还有幅度较小的位移与转动，在新生代晚期才到达现今的位置（见图1-16；Wan，2011；Wan and Zhu，2011）。

在早古生代晚期，南扬子板块已形成并具有其自身的特征，具有褶皱轴向均为近东西向（以现代磁北方位为准）的板内变形。而北扬子地区的大部分地段则此类褶皱变形很微弱（表4-1）。此时早、晚古生代地层之间基本上都呈整合接触或局部的平行不整合接触，只是在扬子板块北部边缘地区才有一些很微弱的构造变形。

至于南、北扬子地区金属成矿种类的不同，则可能是由于在800 Ma以前它们原始陆块的地球化学性质不同所致。北扬子地块以赋存Fe、Cu、V、Au、Hg、W以及稀土等大型矿床为特征；而南扬子地块则以赋存Sn、W、Cu、Pb、Zn、Sb、稀土等大型矿床为主，所有扬子构造域的成矿期则大多为侏罗纪-白垩纪，均为板内局部伸展作用的产物，矿脉的走向则大多与当时最大主压应力作用方向一致，略具张性，即侏罗纪时期许多矿脉大多沿WNW向，而白垩纪则大多沿NNE向（表4-1）。

三叠纪时期，扬子-日本西南板块向北与中朝板块主体（图4-1之14）发生碰撞，形成秦岭-大别-胶南-日本飞驒外带三叠纪碰撞带（图4-1之24），使扬子板块并入欧亚大陆。由于几乎同时还发育了金沙江-红河（图4-1之31）、双湖（图4-1之32）、昌宁-孟连-泰国清莱-中马来亚（图4-1之33）和绍兴-十万大山（图4-1之25）四条碰撞带，并在扬子板块内部和中朝板块东部普遍发生三叠纪板内变形（褶皱轴向，按现代磁方位是以近东西向为主），中元古代—三叠纪的沉积地层均受此期褶皱构造的影响。

以现代方位为准，区域构造应力方向以近南北向为主，形成的褶皱轴向以近东西向为主，由于受力与地层强度的不均匀，常可形成大型的近东西弧形构造带（例如淮阳弧与广西弧形构造带，过去曾被李四光先生称为"山字形构造"。不过，此时在华南各地也可形成许多小型走向近东西的褶皱或弧形构造带。李四光曾经认为此时期的近东西向褶皱构造是受地球自转速度变化而形成的，并称它们为"纬向构造"。后来，石耀霖提出地球微弱的自转速度变化能影响大气圈和河流的流向，但是绝对没有足够的构造作用力能使岩石圈板块发生构造变形。

在研究华南地区的地质构造与成矿作用时，对于扬子板块的南、北部与华夏板块主要地质特征的差异是很值得重视的，也是非常明显的。然而，这也是多年来学术界经常存在争议的问题，现特此列表4-1，供读者研究参考。

表4-1 早古生代末期扬子板块北部、南部与华夏板块主要构造特征的对比

对比项目	扬子板块北部	扬子板块南部	华夏板块
生物古地理区	华南	华南	华南
统一结晶基底形成年代	约800 Ma	约800 Ma	约400 Ma
平均古磁偏角	129.1°~83.8° 早古生代	129.1°~83.8° 早古生代	205.4°~201.3° 寒武纪
中心参考点纬度	11.7°S~2.8°N	11.7°S~2.8°N	10.8°S~11°S
上、下古生界地层接触关系	平行不整合	角度不整合	角度不整合

续表

对比项目	扬子板块北部	扬子板块南部	华夏板块
下古生界岩系的褶皱轴向	几乎无褶皱	近东西向	近南北向
古生代构造应力作用方向	十分微弱，几乎无	近南北向	近东西向
古生代区域变质作用	无	无	低绿片岩相
岩浆活动	相当微弱	较弱	强烈
金属成矿作用的典型种类	Fe、Cu、V、Hg、Au、W、稀土	Sn、Cu、Pb、Zn、U、Sb、W、稀土	W、Ag、Pb、Zn、Cu、U、Au、F、稀土、Sn

注：褶皱和古地磁的原始资料可查阅 Wan（2011）附录3与6。

我国华南地区扬子板块北部、南部与华夏板块，显然存在一些互相比较近似的地方，尤其是在古气候和生物古地理上十分近似（因为在古生代时期，它们都处在热带气候区），因而，有些地质特征似乎也显得差异并不太大。然而，如果混淆它们在其他地质构造特征上的差异，或者否认它们之间存在差异，就很不妥。这一点在华南地区从事地质工作和研究时，应该特别注意和重视，否则就极易产生错误的认识。

二、秦岭-大别-胶南-日本飞驒外带三叠纪碰撞带（250~210 Ma）

秦岭-大别-胶南-日本飞驒（Hida）外带三叠纪碰撞带（图4-1之24）是扬子-日本西南板块（图4-1之22）与中朝板块主体（图4-1之14）之间形成的碰撞带。秦岭碰撞带向东经大别山南缘，被近南北向郯庐左行走滑断层切割，其东部地块向北移至胶州半岛南部（曾称为苏鲁）地区，其东端进入黄海，又被朝鲜半岛西侧的、黄海东缘的右行走滑断裂带切断，此构造带转而经过朝鲜半岛南端的济州岛南侧，朝东北方向可延伸到日本本州的飞驒外带，最后被属于西太平洋沟弧体系的日本本州岛新近纪南北向棚仓左行走滑断层（Tanakura Tectonic Line）截断。

秦岭-大别-胶南-日本飞驒外带三叠纪碰撞带在新元古代和古生代一直都存在洋壳的证据（张国伟等，2001）。新元古代（800 Ma）时期，部分地块可能曾经与扬子-日本西南板块（图4-1之22）连成一体，它们具有相同的构造线方向、相似的构造样式和相近的同位素特征。在此碰撞带内包含了许多小地块，如中秦岭、武当、大别、胶南和飞驒南部等（图4-2）。秦岭-大别碰撞带内的一些陆块，在形成结晶基底的年代、铅同位素和地球化学特征等方面都具有亲扬子板块的特征，在新元古代时期，它们很可能曾经与扬子板块的主体发生过拼合（图4-1）。

从构造演化的角度，在早古生代晚期秦岭带的北部存在北秦岭（商州-丹凤）俯冲杂岩带（500~403 Ma；图4-2）。在中泥盆世—早石炭世（391~310 Ma）则形成了苏家河俯冲杂岩带。但是还没有证据可以说上述这两个时期的中朝与扬子板块曾在此时发生过碰撞。在秦岭-大别碰撞带内，还存在许多晚古生代洋壳证据，蛇绿岩套的年龄值分布在408~264 Ma之间，说明在这两次俯冲作用之间或之后，洋壳并未完全消失。

在秦岭-大别-胶南-日本飞驒外带增生碰撞带的南界是耀岭河-大别-胶南高压-超高压碰撞增生带，其初始碰撞年龄应该在264~240 Ma之间，大约为250 Ma，而完成碰撞的时间则在220~210 Ma之间，即主要是在三叠纪形成的（李曙光等，1997a，2001）。在耀岭河-

图 4-2 秦岭-大别增生碰撞带构造略图
(据杨经绥，2009，有修改)

大别-胶南高压-超高压增生碰撞带的西延地带，很多学者（如董云鹏等，1999）都认为是在湖北花都区-陕西勉县-略阳一线。总之，经过30多年的研究，多数学者都认为秦岭-大别-胶南-日本飞騨外带增生碰撞带是一个经历过多次汇聚而形成的增生型碰撞带（图4-2之3、5、6、8、9）。

有学者（如黄汲清，1960；任纪舜等，2000）曾经认为此构造带是从山东半岛南部直接延伸到朝鲜半岛中部的临津江一带，朝鲜半岛的北部属于中朝板块，而南部则是扬子板块的一部分。但是，对于临津江一带，许多学者都进行了考察，至今均未发现任何碰撞作用造成的高压、超高压变质岩或其他碰撞作用与断层的证据（翟明国，2008）。另外，此带南北两侧的统一结晶基底形成时代都相同（1 800 Ma），元古宙、古生代与中生代的生物地层发育与构造岩浆活动特征也都与我国华北地区的十分近似，而与扬子板块的特征很不相同。因而，上述假设是错误的（Wan and Zeng，2002）。

近年来，唯一留存的争议是在朝鲜半岛南部发现了一些新元古代（约800 Ma）花岗岩的同位素年龄（Li，2003）。但是，这些年来，在中朝板块西北部与南部也早已发现许多新元古代的构造-热事件（见第三章），显然它们是与板块边缘张裂作用的岩浆活动相关的，朝鲜半岛也与中朝板块一样具有类似的特征。因而，不能仅仅因为发现一些新元古代（约800 Ma）花岗质岩石的同位素年龄数据就认为朝鲜半岛的南部都属于扬子板块，甚至认为其是冈瓦纳大陆的一部分，这是完全没有根据的错误观点。

三叠纪晚期，在地表附近，大别-胶南构造带东段被近南北走向左行走滑郯庐断裂带切断，其东段向北错动了300多千米。而在黄海东缘又被右行走滑断裂带向南错动了300多千米，从而使得此碰撞增生带向东延展到韩国济州岛南侧（图4-3）和日本飞騨外带（Tsujimori et al.，2000；Kunugiza et al.，2001；见图4-1）。

近年来，在朝鲜半岛南部西海岸发现了呈NNE向展布的榴辉岩残片，它们可能是近南北向黄海东缘的右行走滑断层将碰撞带内的高压变质岩片向南错动到该地的结果（Oh et

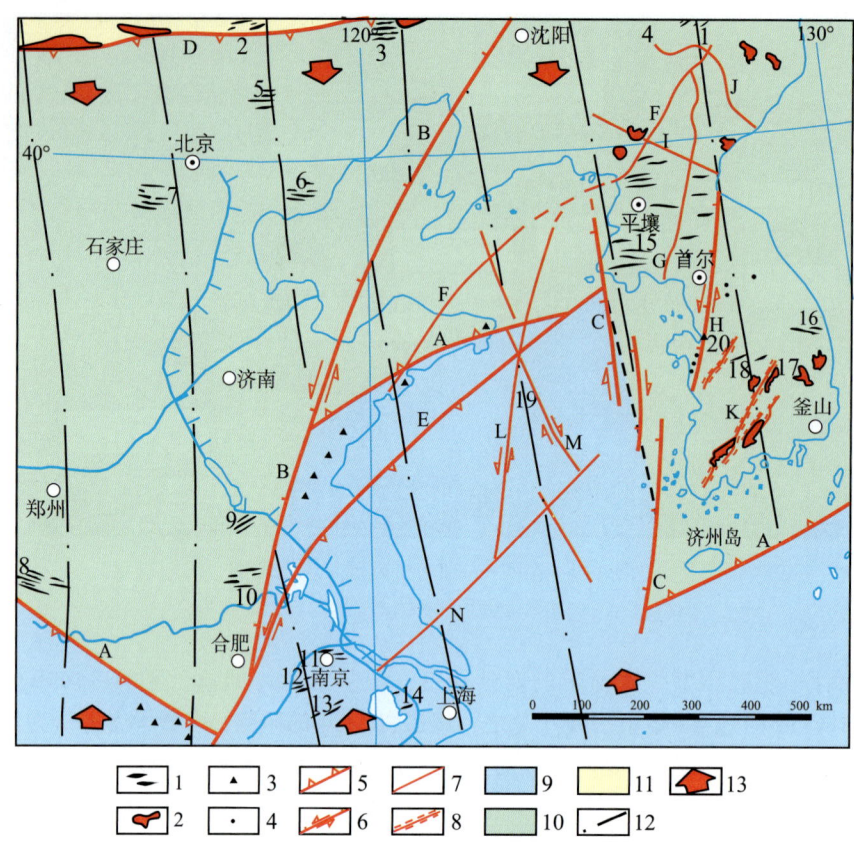

图 4-3 秦岭-大别-胶南三叠纪碰撞带在黄海的展布
(据 Wan and Hao, 2010)

图例：1—褶皱；2—花岗岩体；3—超高压岩石与榴辉岩；4—小花岗岩体；5—碰撞带或逆掩断层；6—正-走滑断层；7—区域性断层；8—韧性剪切带；9—扬子板块；10—中朝板块；11—兴安岭-天山碰撞带；12—最大主压应力迹线；13—地壳缩短方向。图中的数字 1~20 为古应力资料统计地点序号（原始数据见 Wan and Hao, 2010）。**断层名称**：A—大别-胶南-济州岛碰撞带；B—郯城-庐江左行走滑-正断层；C—黄海东缘右行雁列断层系；D—中朝板块北缘逆掩断层；E—响水河逆掩断层；F—清川江-烟台-胶州湾断层；G—开城-长津断层；H—水原-元山断层；I—狼林地块南缘断层；J—狼林地块北缘断层；K—湖南韧性剪切带；L—NNE 向黄海南部中央共轭断层西支；M—NNW 向黄海南部中央共轭断层东支；N—靖江-勿南沙断层

al., 2005, 2006; Wan and Hao, 2010)，而在朝鲜半岛南部的其他地区却没有发现此类动力变质岩（翟明国, 2008, 私人通信）。

尽管秦岭-大别-胶南碰撞带在三叠纪完成了中朝与扬子板块之间的碰撞作用，但并不等于该带从此就固定不动或者不再变形。侏罗纪时期，中国东部大陆地壳发生转动（见图 1-13），此构造带就受到伊佐奈歧板块朝 WNW 向俯冲作用的影响，其最大主压应力作用使 WNW 向断层或裂隙带在多处发生张裂，并产生 WNW 向走滑活动及其派生的次级构造变形，从而富集形成了许多内生金属矿床；白垩纪时期又在近南北向构造应力的作用下，使一些 NNE 向断层发生张裂，并伴生了大量花岗岩浆侵入，此时也赋存了许多内生金属矿床，并形成许多走向 WNW 的压剪性逆掩断层。侏罗-白垩纪，在此区内的 NNE 或 WNW 向断裂内，造成岩浆或含矿流体灌入，富集了许多内生金属矿床，从而使该区成为我国一个重要的

内生金属成矿区。

近年来,对西秦岭及其两侧地块的深地震测深资料进行了再处理,高锐等(2011)发现现代西秦岭及其两侧地块的莫霍面基本是平整的,深度为30~40 km,明显地在莫霍面附近发生了构造滑脱作用,并在地壳内形成了一系列对冲型叠覆构造(Duplex)。现在,西秦岭两侧的断层均为地壳断层,而三叠纪形成的岩石圈断层,深俯冲作用或"山根"的迹象均已不复存在,也即后期的构造滑脱已经把早期岩石圈断裂迹象改造了。

有学者认为秦岭-祁连-昆仑山构成一个多期次的、复合的碰撞带,并曾将其称为中国的"中央造山带"(殷鸿福和张克信,1998;杨经绥等,2003)。其实,这些构造碰撞带都是由许多个地块在不同时期分别碰撞形成的,只不过在现代地形上,看起来在中国的中部大致可以连成一条山脉。如果用古地磁资料复原的话,各条碰撞带的形成根本没有处在同一纬度上,形成时期也各不相同,只是后来才逐渐靠拢而已。其实秦岭是三叠纪形成的板块之间的碰撞带,祁连山是早古生代晚期形成的碰撞带,而东昆仑只是柴达木与东昆仑-巴颜喀拉两个陆块之间的晚期汇聚,昆仑山两侧的断层都是高角度正断层,切割深度很浅,仅为壳内断层。

三、皖南-赣东北-雪峰山-滇东新元古代碰撞带(约 800 Ma)

新元古代(800 Ma 前后)是南、北扬子地块拼合的主要时期,也是形成皖南-赣东北-雪峰山-滇东新元古代碰撞带(图4-1 之 23)的关键时期,该带也曾经被称为"江南断裂带"。过去据少量的测年数据曾认为此碰撞带主要是在 1 000 Ma 形成的。近年来,用锆石SHRIMP 法进行较精确的测定,获得了大量 800 Ma 左右的年龄数据(孙海清等,2012)。

沿此带在皖南和赣东北的多处已经发现新元古代蛇绿岩套,证明当时确实曾经存在过古大洋。皖南-赣东北-雪峰山-滇东新元古代碰撞带(图4-1 之 23)与绍兴-十万大山中三叠世碰撞带(图4-1 之 25)是两条不同时期形成的碰撞带,即使这两条碰撞带在江西一带相距比较近,但不能把它们混淆起来当作同一条碰撞带。

四、绍兴-十万大山中三叠世碰撞带(240~228 Ma)

绍兴-十万大山中三叠世碰撞带(图4-1 之 25)是扬子-日本西南板块(图4-1 之 22)与华夏板块(图4-1 之 26)之间形成的碰撞带,其活动的高潮是在中三叠世(240~228 Ma)晚期。由于沿此带基岩露头很少,并且被许多白垩纪断陷沉积盆地覆盖,至今沿此带尚未发现任何蛇绿岩套。但是,根据在此碰撞带两侧的结晶基底形成时代不同,上、下古生界的地层接触关系不一样,早古生代构造变形的轴向不同,古地磁特征不同,变质作用也不相同等(见表4-1),表明此带两侧应属于不同的板块,绍兴-十万大山一带在三叠纪时期确实存在一条碰撞带(见表4-1;Wan,2011)。在三叠纪碰撞之后,扬子与华夏板块的沉积、构造变形和岩浆活动的特征就很相似了。

根据构造变形与岩石学资料,很多学者都认为在新元古代(1 000~800 Ma)时期,沿此构造带,曾经发生过碰撞作用(水涛,1987;周新民等,1989;章泽军等,2003),且在此带附近的花岗岩内具有高 ε_{Nd} 值和低 T_{DM} 值,说明在此碰撞带内含有较多的地幔物质,可能这也是新元古代碰撞作用的表现(Gilder et al.,1996a;洪大卫和谢锡林,2002)。

有人认为扬子与华夏板块在新元古代(1 000~800 Ma)就已完成了碰撞和拼接(章泽军

等，2003），但在其后的早古生代时期，两侧陆块的一系列不同地质特征，使人们认识到早古生代时期两侧地块其实并不相连接，仍处在开裂状态（见表 4-1）。近年来，已经在此带上发现了早古生代晚期产于半深水的硅质层（李廷栋，2013，私人通讯；图 4-5 中扬子与华夏板块的界线附近）。因此，认为扬子与华夏板块在中三叠世晚期才具有统一的地质构造特征，也即完成了两个板块的碰撞和拼合的看法可能是比较合理的（Wan，2011）。

近年来，深部地球物理探测资料（图 4-4；Zheng et al.，2012）已经发现，确实存在绍兴-十万大山中三叠世碰撞带（图 4-4 之 SS），在绍兴到浙赣铁路沿线一带，主断层面朝 NW 向倾斜；而在湘赣边境附近，浅部的主断层面具有朝东倾斜的段落。最新地震层析资料显示，由图 4-4 的地震层析剖面可见，绍兴-十万大山中三叠世碰撞带为岩石圈断裂，呈中等角度、向西倾斜，可深切到 450 km 左右。因而，在碰撞带附近地质体比较破碎，使壳幔过渡带附近的岩浆与超临界流体易向上运移。绍兴-十万大山中三叠世碰撞带在大约 450 km 的深处被向东倾斜的金沙江碰撞带（图 4-4 之 JSJ）切断。从深部来看，金沙江碰撞带是扬子板块构造域与冈瓦纳构造域的分界线，可以深切到中地幔（深度接近 700 km 左右）。

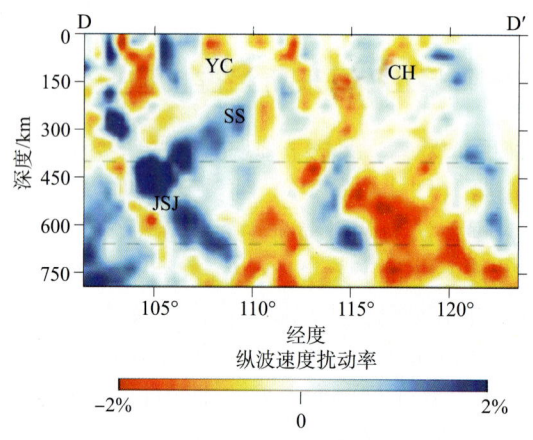

图 4-4　华南 25.8°N 地震层析剖面

（据 Zheng et al.，2012）

YC—扬子板块；CH—华夏板块；SS—绍兴-十万大山碰撞带；JSJ—金沙江碰撞带

五、华夏板块（自 400 Ma）

华夏板块（Cathysian Plate；见图 4-1 之 26，图 4-5 之 CH）最早是由葛利普（Grabau，1924；时任北京大学地质系教授）命名的，他把福建东南沿海的变质岩系出露区命名为"华夏古陆"，此命名被后人一直沿用，当时，他认为那里几乎全是前寒武纪变质岩系。

现在知道华夏板块还应该包括台湾海峡和台湾岛的大部分地区（也含钓鱼岛）。在区域地质调查和海洋钻探过程中，发现在浙、赣、闽、粤与东海、南海存在许多零星的太古宙—元古宙古老陆块，它们是在早古生代末期（约 400 Ma）才构成统一的结晶基底，并形成独立的板块，从而命名为华夏板块是很恰当的（图 4-5；Wan，2011）。在华夏板块内，既有少量前寒武纪结晶岩系，也有一些三叠纪和侏罗纪变质岩系（福建省地矿局，1985）。王磊（2015）用锆石 U-Pb 法，曾测出华夏地块南端、云开大山地区的变质岩系年龄为 1 035~949 Ma，而在此以北的地区变质岩系的同位素年龄主要为 860~820 Ma。因此可以确认此岩

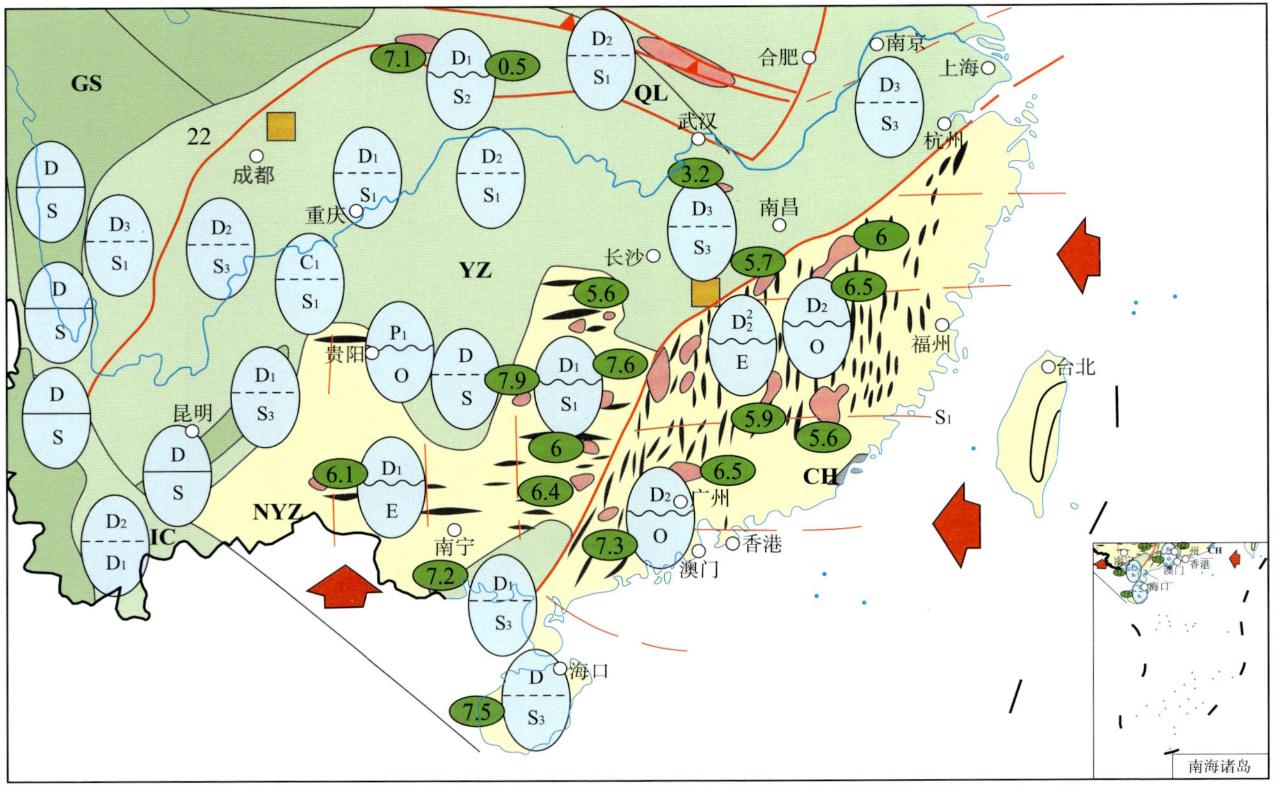

图 4-5　扬子与华夏板块早古生代晚期构造略图

（据 Wan，2011）

构造单元：YZ—扬子板块的主体，也即北扬子板块（浅绿色），NYZ—南扬子板块（浅黄色），GS—甘孜地块，QL—秦岭-大别碰撞带，CH—华夏板块（含台湾岛的主体，浅黄色），IC—印支板块。22—秦岭-龙门山断层带。浅蓝色椭圆形：下古生界顶部地层接触关系，地层代号采用国际通用的，波折线指示角度不整合，虚线示平行不整合，直线示整合；浅绿色区（YZ）：扬子板块平行不整合地层接触关系分布区；深绿色区（GS）：甘孜-阿坝-滇西地区整合地层接触关系分布区；浅黄色区（NYZ）：角度不整合地层接触关系分布区，西部为南扬子板块，断层以东地区则为华夏板块（CH）；黑色短线段：褶皱轴迹，仅示背斜［数据见 Wan，（2011）］；红色细点划线：最大主压应力（σ_1）迹线；深粉红色块体：元古宙花岗质岩浆侵入岩体；大红色箭头：示板块运动方向；墨绿色椭圆及数字：板内变形速度，由岩石化学资料推断，“-”为扩张速度，其余为缩短速度，单位：cm/a［数据详见 Wan，（2011）］；大红色粗线条：板块分界线（包含洋壳）、早古生代晚期断层带及其编号（土黄色方框）；右下侧的断层带为绍兴-云开大山可能存在的洋壳分布带。各板块的位置与界线均未做构造复原系曾在早期定型过。在区域地质调查过程中，在浙、闽、赣、粤、台与东海、南海等地的很多古老的小地块内，测出它们在约 400 Ma 才构成统一结晶基底，因而将它们都归为华夏板块。此板块岩石的地质特征与扬子板块显然是不同的（见表 4-1；图 4-5）。

有些学者将东南沿海地区构造单元称为"造山带"。笔者认为"形成统一结晶基底"与造山带确实有些相似，都是论述陆块（陆核、地块）的拼合问题。但在前寒武纪地质研究中，一般将古陆面积很小，而碰撞、拼接地区面积很大时，称为形成"统一结晶基底"；而"造山带"则是原来槽台假说习惯的用法，一般是指块面积较大，而碰撞、拼接带只是相当狭窄地带的状况。华夏板块统一结晶基底的形成时期虽然比较年轻，为早古生代末期，已经不是前寒武纪，但其构造特征却和前寒武纪结晶基底形成的特征一样，古陆块出露面积很小，而拼接带的面积很大。只是由于现今剥蚀深度较浅，地块内分布较广并汇聚而成的浅变质岩系仅达到低绿片岩相的特征。因而，将此构造单元称为华夏板块是比较合理的。

华夏板块西北侧为绍兴-十万大山中三叠世碰撞带（图 4-1 之 25）和扬子-日本西南板块（图 4-1 之 22），东临日本本州南部-四国南部-琉球俯冲-岛弧带（图 4-1 之 62）和冲绳海槽、钓鱼岛台隆东缘、台湾东侧纵谷带（图 4-1 之 63）和菲律宾-马鲁古双岛弧-海沟带（图 4-1 之 64），南与中国南海断陷盆地（图 4-1 之 28）相接，西南侧与东兴都库什-北羌塘-印支板块（图 4-1 之 27）相邻。华夏板块的东部陆地边界为台湾岛主体东侧的台东纵谷（图 4-6）。从地质构造单元与海域分布特征来看，中日之间在东海的分界线以冲绳海槽的中间线为界显然是很合理的，符合其地理特征的分布。

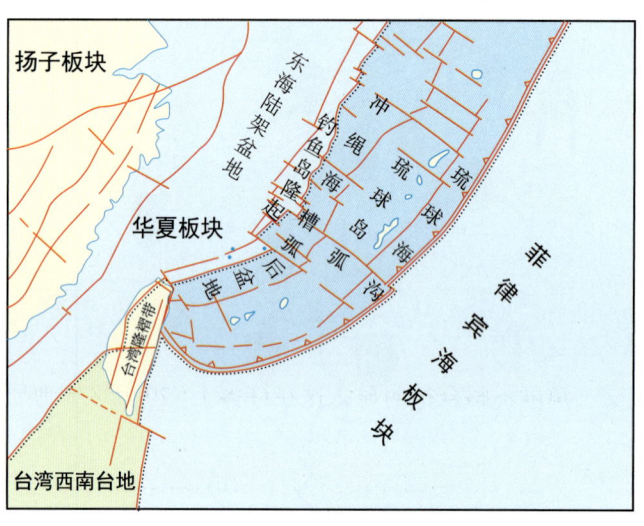

图 4-6　华夏板块东部构造区划
（据尹延鸿，2008，有修改）

在新元古代时期，华夏板块也曾与扬子板块发生不太牢靠的拼合，但根据古生代的古地磁、变质作用和构造线方向等的不同，Wan（2011）认识到在古生代时期它们两者之间仍旧处于离散状态。

华夏板块的古地磁资料不够充足（Wan，2011），多数学者认为华夏板块和扬子板块在新元古代曾经发生过碰撞，初步形成绍兴-十万大山中三叠世碰撞带。但在古生代，尽管当时两板块都处在赤道附近的亚热带气候环境，具有很类似的生物古地理特征，但显然两者并不相连接（见表 4-1）。从现有的古地磁资料来看，晚古生代，华夏板块处在南纬 10°左右（在扬子板块的南侧，见图 1-10），三叠纪时期才可能到达与扬子板块相邻近的古纬度，并发生了碰撞（见图 1-12）。

从现有比较可靠的地质资料判断，中三叠世晚期是华夏板块与扬子板块最后发生碰撞、拼合的时期，从而形成绍兴-十万大山碰撞带。不过，关于此碰撞带研究的缺陷在于，至今未能找到洋壳的蛇绿岩套，缺少曾经确实存在古大洋的证据。由于在该处的许多地段大多沿浙赣铁路线，均被白垩纪断陷盆地覆盖，因而很难在地表发现该带内的蛇绿岩套。

从一系列早古生代地质特征异同点的对比中（见表 4-1）可以清楚地认识到，在早古生代晚期，扬子板块和华夏板块在构造变形上存在根本性差异，只可能是各自独立的板块；而南、北扬子地区的差异，在早古生代晚期，则是同一板块受边界作用力大小的差异所致。因为动力作用来自南方（以现代磁方位来说），越向北作用力就越弱，所以北扬子地块内几乎没有早古生代晚期褶皱，上、下古生界之间仅呈现为平行不整合的地层接触关系。而从三叠纪起，华南各板块碰撞之后拼合，中朝、扬子和华夏板块就构成了中国东部陆块的主体，从而开始具有了许多类似的构造变形与岩浆活动的特征。

对于中朝板块与扬子板块的多数板内变形地区来说，三叠纪印支期褶皱的重要性在于它们是中国大陆沉积盖层形成以后的第一次形成最广泛的褶皱与板块拼合。在中朝板块的中南部，参与印支褶皱的地层最多，为中-新元古界、古生界和三叠系。扬子板块北部与东部，参与印支褶皱的地层是从南华系到上三叠统，其中志留系坟头组页岩、二叠系龙潭煤系和中三叠统膏盐层等软弱层，常常形成构造滑脱面，使其上下地层表现出截然不同的褶皱形态和构造样式。这就是说，华夏板块和印支板块的印支期构造事件是发生在中三叠世末期，而中朝板块与扬子板块印支期构造事件则都发生在较晚的晚三叠世末期。即南部的地块，其印支事件发生得较早，而北部的板块发生得晚。这个现象用构造动力作用来自南方特提斯洋的逐渐向北运移，从而逐渐传递作用力解释是非常合理的。

扬子板块南部（如广西）发生早古生代轴向近东西向褶皱的地区，参与印支期东西向褶皱的地层主要为泥盆-二叠系和下、中三叠统，由于早古生代末期和三叠纪，这两次构造事件的主应力方向类似，此时印支褶皱常常是在早古生代褶皱的基础上发育，并使印支构造事件表现得不大明显，仅呈现为小角度不整合现象。但是，在华夏板块内，新老构造层的地层走向均为大角度相交，角度不整合很明显，这在许多 1:20 万区域地质图内、数百个褶皱资料中展现得相当清楚。

华夏板块（包括东海与南海北部地区）参与印支褶皱的地层主要为古生界和下、中三叠统。但是，在中朝板块以北的东北、兴安岭地区，参与印支褶皱的地层仅为二叠系与三叠系，并以轴向 NE 的褶皱为特征，以致东北地区的一些学者将三叠纪褶皱与侏罗纪褶皱混为一谈。当然，要区别它们的确也有一定的难度，需要特别小心观察才行。

华夏板块在新生代的板内变形，比较典型的具有亚洲及中国东部大陆的特征，侏罗纪以来则都具有陆壳洋幔型岩石圈，发育了强构造-岩浆活动，并派生了很多内生金属成矿作用。如将华夏板块与南扬子板块的典型成矿作用进行比较，其中最突出的是高温气成热液矿床：华夏板块以赋存超大型钨矿为主要特征，而南扬子板块则以赋存超大型锡矿床为主要特征（见表 4-1）。与南扬子板块几乎同时形成的，如印支板块、马来半岛与北苏门答腊也都形成大型锡矿床，均具有与南扬子板块相类似的特征。此种特征很可能是由于板块形成的初始时期，原始的星子内元素富集特征所决定的。看来南扬子板块可能与印支板块、马来半岛东部与北苏门答腊等地块，原来（在 800 Ma 时期）应该属于同一个板块。

因而，笔者在此提出华夏板块是"富钨板块"，而南扬子地块、印支板块、马来半岛与北苏门答腊等地块则可称为"富锡板块"。而在华夏板块与南扬子板块分界线的绍兴-十万大山三叠世碰撞带附近，则形成同时富集钨、锡的矿床，例如江西武功山浒坑超大型钨锡矿床和湖南柿竹园钨锡多金属矿田。

六、东昆仑山-巴颜喀拉山构造带（约 203 Ma）

在三叠纪时期，扬子板块主体部分与其西部的东昆仑-可可西里-巴颜喀拉山构造带、甘孜地块之间发生张裂，东昆仑-可可西里-巴颜喀拉山-甘孜地块均发生沉陷，形成较广阔的海域，大面积地发育了三叠纪厚度较大的大陆斜坡相复理石沉积岩系（由海相陆缘碎屑物质组成，具有粗细变化的韵律特征，此类建造厚度很大，有时可达上万米），而在三叠纪末期发生了较强烈的南北向碰撞作用，从而形成东昆仑山-巴颜喀拉山。

当发生构造汇聚作用时，过去一般认为可能是柴达木盆地将俯冲到东昆仑山-巴颜喀拉山-甘孜-阿坝部分地块之下。然而，根据近年来地震测深资料，赵文津等（2014）发现昆仑山两侧地壳表层内均发育了高角度走滑正断层，断层都是壳内断层，并且还表现为东昆仑山-巴颜喀拉山的岩石圈地幔俯冲到柴达木地块之下（图 4-7）。

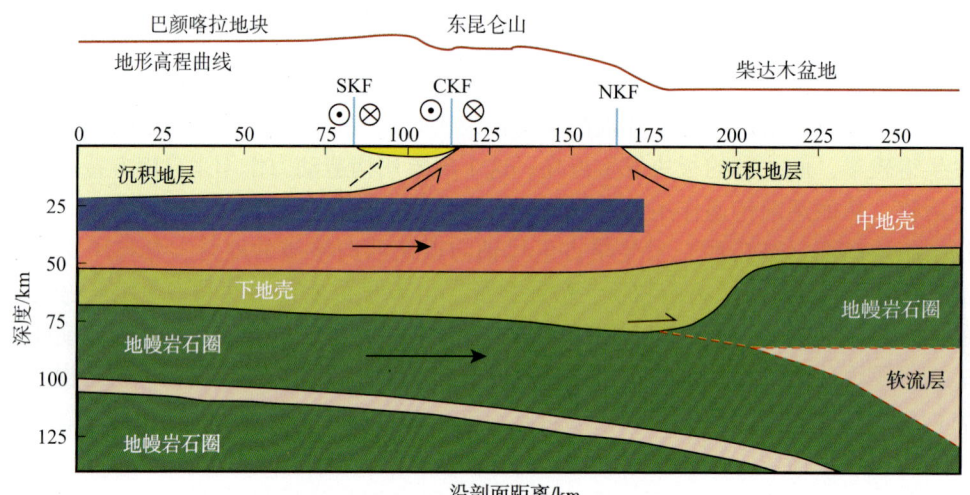

图 4-7 东昆仑汇聚构造带深部结构模式
(据赵文津等，2014)

蓝色层，v_p = 6.2~6.3 km/s，可能为晚古生代大洋壳变质而成的韧性带
SKF—南昆仑断裂；CKF—中昆仑断裂；NKF—北昆仑断裂

现在看来，在东昆仑附近地区，三叠纪之后发生的近南北向（以现代磁方位为准）的汇聚作用，很可能也是一种受印度板块向北运移所派生的板内变形，尽管那里原来也许存在过岩石圈断层，但新生代时期在南北地壳发生缩短作用时，地壳内部发生了圈层间的滑脱，改造了原来的岩石圈断层，致使东昆仑构造带俯冲到柴达木地块之下。这与过去的认识很不相同。

古近纪时期，在扬子板块的川东和滇东地区，发育很多由于沉积盖层滑脱而形成的轴向NNE-NS向褶皱与逆断层，它们是古近纪太平洋板块向西运移、挤压和俯冲作用的远程效应结果，而不是印度板块向北运移、挤压的产物。

扬子板块东部，即湘、鄂、川、黔四省交界地带的武陵山以东地区，中新生代具有较强的板内变形特征，与东亚大陆的构造特征一样，该区也都具有陆壳洋幔型岩石圈，形成强构造-岩浆活动，并赋存了许多内生金属矿床。

七、金沙江-红河三叠纪碰撞带（252~201 Ma）

金沙江-红河三叠纪碰撞带（图4-1之31，图4-8）为扬子-日本西南板块（图4-1之22）与东兴都库什-北羌塘-印支板块（图4-1之27）之间的碰撞带。北羌塘地区此碰撞带的主断层面向南倾斜，在金沙江附近则向东倾斜，红河附近在地表和深部，此碰撞带的主断层均向东北倾斜。从深部地震层析资料来看，金沙江-红河三叠纪碰撞带均以中等角度向东倾斜，一直插到大约600 km的深处，在深450 km部位切断了绍兴-十万大山中三叠世碰撞带（图4-1之25，图4-4；Zheng et al.，2012）。由于沿此碰撞带没有大规模的中酸性岩浆侵入活动，因而也没有隆起形成山脉。近年来，戚学祥等（2010）对金沙江断裂带东侧哀牢山糜棱岩化花岗岩进行了研究，得到了锆石LA-ICP-MS U-Pb测年结果为247~250 Ma，显然这也是三叠纪碰撞作用的产物。

就深部构造来判断，金沙江碰撞带具有更为重要的构造划分意义，它是三叠纪时期冈瓦纳大陆与欧亚大陆块的分界线，而澜沧江附近则只有地壳断层，并没有岩石圈断层。然而，从地表生物古地理资料来判断，则晚古生代时期冈瓦纳构造域与欧亚大陆地块群的分界线应该在双湖三叠纪碰撞带（图4-1之32；李才等，1997，2006）和昌宁-孟连-泰国清莱-中马来亚三叠纪（252~201 Ma）碰撞带（图4-1之33；刘本培等，1993），也即在澜沧江附近。因此，在地表生物群与深部地质的分界线并不完全一致，在地表分布的冈瓦纳生物种群的范围可能会稍大。

然而，在始新世—渐新世时期，金沙江带的南段受到太平洋板块与菲律宾海板块向西运移和挤压作用的影响，此断层带便呈现左行走滑，该断层走滑作用的总断距可达400~500 km（钟大赉，1998；图4-8，图4-9）。然而新近纪以来，由于印度板块进一步向北碰撞和挤压，此断层带的南段则明显地表现为右行走滑特征。

Tapponnier等（1986，1990）曾认为自古近纪以来，红河断层带都是印度板块向北挤压派生的，从而使印支地块朝东南方向逃逸的结果。然而，当古近纪印支板块向东南运移，金沙江-红河碰撞带呈现为左行走滑时，说此板块在向东南逃逸，似乎还说得过去。但在新近纪，当金沙江-红河碰撞带转变为右行走滑时，印支板块相对朝北西方向运移，这就不是"逃逸"状态，而成了"挤入"状态。

长期以来，Tapponnier等（1986，1990）想只用印度板块向北运移、挤压解释三叠纪以来亚洲南部（以中国为主）大陆构造的一切变化，显然是不正确的和片面的认识，他们的观点在很多方面都值得商榷。由于他们主要依据现代遥感信息所获得的活动构造的资料，因而在解释现代活动构造或新近纪的构造是比较合适的，但是当他们把此种认识扩大化地运用于古近纪，甚至到三叠纪时，立刻就错误百出。他的此种教训是值得我们认真吸取的。

红河断层向东南延伸到南海，在海南岛西侧转变为近南北向断层，即中国南海断陷盆地

(见图4-1之28）的西缘断层（Wan, 2011；图4-8，图4-9）。这条界线几乎就是南海的浅海大陆架和半深海的分界线。

八、东兴都库什-北羌塘-印支板块（自800 Ma）

东兴都库什-北羌塘-印支板块（Eastern Hindukush-North Qiangtang-Indosinian Plate；图4-1的北侧与东侧）均以金沙江-红河碰撞带（见图4-1之31）为界，其西界被青藏地区的昌宁-孟连-泰国清莱-中马来亚（文东-劳勿）碰撞带截断（李才，1997，2006）。过去有人认为喀喇昆仑板块在古生代也属于冈瓦纳大陆的一部分，从现有资料来看，这种认识可能不妥。东兴都库什-北羌塘板块的结晶基底形成时期，就其演化特征来看，与扬子板块几乎一样，均为新元古代，不过暂时还没有获得更确切的年龄数据。但是，它的晚古生代石炭-二叠纪的生物古地理，则明显地具有亲扬子板块的特征，发育了暖水动物群，也混生了少量冷水动物群的分子（Wan, 2011）。中、新生代则发育了一系列断陷盆地。在其南部的印支板块结晶基底的形成时期为新元古代，其同位素测年数据为约800 Ma，表示与扬子板块几乎同时形成。东兴都库什-喀喇昆仑-北羌塘地块，向东南方向延伸，为藏东昌都地块，也即金沙江与昌宁-孟连碰撞带之间的地块，向南延伸，即为云南的兰坪-思茅一带，再向南就是印支板块。此板块与印支板块原来应该是一个统一的板块，早年大致都呈近东西向延展，由于新生代印度板块向北强烈挤压和运移，才变成现在折线状分布的形态。印支板块的岩石圈厚度也与中国东部的基本相同，均在80 km左右（蔡学林等，2002），推测也可能都具有陆壳洋幔型岩石圈（不过尚未进行深地震探测）。

由东兴都库什-喀喇昆仑-北羌塘地块向南延伸，经云南兰坪-思茅，就到印支板块（图4-8），它包括中南半岛的大部分地区，其东北侧，以金沙江-红河三叠纪（250~200 Ma）碰撞带（见图4-1之31）为界与扬子-日本西南板块（见图4-1之22）相连；西南侧以双湖三叠纪碰撞带（见图4-1之32）和昌宁-孟连-泰国清莱-中马来亚三叠纪（250~200 Ma）碰撞带（见图4-1之33）为界，与南羌塘-中缅马苏地块（见图4-1之34）相连接；东南侧与中国南海断陷盆地（见图4-1之28）相连；其南界则与印度尼西亚的巽他板块相连接。有的学者（如Pubellier, 2008）认为，巽他板块和印支板块是同一个板块。不过，从现有的资料来看，巽他板块的结晶基底形成时期为500 Ma左右（Hall, 2011），可能与泛非事件相关，而印支板块的形成时期为800 Ma左右，因而巽他板块和印支板块可能不是同一个板块。

东兴都库什-北羌塘-印支板块（见图4-1之27），中国南海新生代断陷盆地（见图4-1之28），巴拉望-沙捞越-曾母暗沙地块（见图4-1之29），西昆仑-帕米尔-西兴都库什晚古生代—三叠纪增生碰撞带（360~200 Ma；见图4-1之30），金沙江-红河三叠纪碰撞带（250~200 Ma；见图4-1之31）等构造单元散布得较开，但其形成时期都比较接近。

印支板块（图4-8）结晶基底的形成时期与扬子-日本西南板块（见图4-1之22）相近，它们也都形成了相类似的内生金属矿床。古生代和早、中三叠世时期，印支板块具有亲扬子板块的生物古地理特征，并且均处于古特提斯洋内。然而，南羌塘-中缅马苏地块（见图4-1之34）则是具有亲冈瓦纳的生物古地理特征（见图1-6至图1-12）。中三叠世晚期，即印支构造事件，印支板块才与扬子板块、南羌塘-中缅马苏地块一起拼合到欧亚大陆（见图1-12至图1-16）。侏罗纪及其以后，中南半岛地区的板内变形特征、构造-岩浆作用、成矿作用与我国南方地区都十分相近。

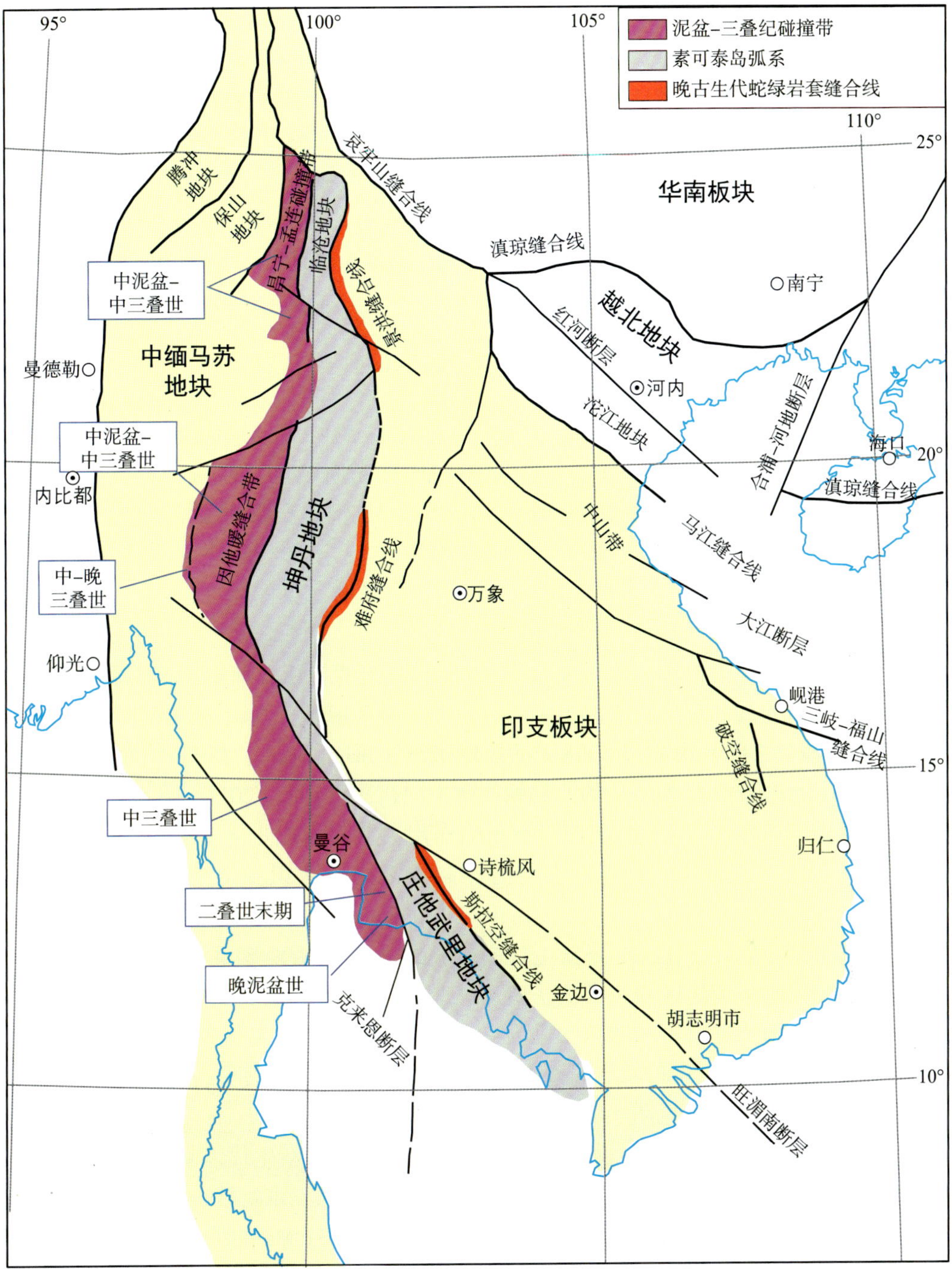

图 4-8 中南半岛地质构造略图
(据 Sone and Metcalfe，2008，有修改)

在印支板块东北部的越南，还存在马江缝合线，其北侧则有奠边府断层。这两条断层缝合线是印支板块早古生代的边缘增生部分（图4-8），在该区赋存了奥陶-志留纪蛇绿岩套，也就是说在早古生代时期，越南的沱江地块（马江断层以北）与奠边府断层以西地区均已拼合到印支板块。

在印支板块的西部发育了一系列二叠纪蛇绿岩套（图4-8），自北向南依次分布在景洪、难府以及斯拉空等地。在20世纪晚期，不少学者曾经认为这就是印支板块的西界。但此界线以西、泰国东部素可泰地块内，赋存了二叠-三叠纪形成于干燥炎热气候形成的大型钾盐矿床，这是冈瓦纳大陆不可能具备的特征（2002年IGCP321项目野外考察时的共识）。因而，笔者与许多学者都认为冈瓦纳大陆与扬子-印度支那板块之间的碰撞带应该是在昌宁-孟连-泰国清莱-中马来亚碰撞带（图4-8；Wan，2011）。在景洪、难府和斯拉空等地区见到的蛇绿岩套其实就是晚古生代（二叠纪）印支板块与素可泰地块之间的拼合界线（图4-8），也可以说是二叠纪时期印度支那板块增生的结果。

九、中国南海新生代断陷盆地（自65 Ma）

中国南海新生代断陷盆地（65 Ma；图4-9，图4-10），北与华夏板块（见图4-1之26）相连接，但两者之间并未发现岩石圈断裂，只有壳内断层；西接印度支那板块（见图4-1之27），两者之间被南北向断层切断，此断层与红河岩石圈断层相连接，很可能也是岩石圈断层（从海底地貌看，是浅海与半深海的分界线）；南部与巴拉望-沙捞越-曾母暗沙地块（见图4-1之29）相连；东部为南海中沙群岛裂陷槽（见图4-1之28），其东侧与菲律宾西侧-马鲁古双岛弧-海沟带（64）相连。

在古近纪，菲律宾海板块（见图4-1之65）向西俯冲挤压，使中国南海东部的断陷盆地派生了近南北向伸展和裂陷，造成了走向近东西的裂陷海盆，在古近纪晚期（32~27 Ma，磁条带异常11和7之间）海盆以5 cm/a的速度张开（Briais et al.，1993）。而在新近纪，由于菲律宾海板块（见图4-1之65）的西部朝西南方向挤压（Hall，2011；图4-9，图4-10），使中国南海西南部派生了NW-SE向伸展和断陷作用，从而形成走向NE-SW的楔形断陷海盆。近年来，多次、多种地球物理勘查与海洋调查都已经认识到上述认识是比较正确的（Sun et al.，2009；Wan，2011）。但上述认识与Tapponnier等（1986，1990）的假设是很不一致的。Tapponnier等认为中国南海新生代断陷盆地是印度板块朝北挤压，致使印支板块（见图4-1之27）与华南地区向东南被挤出、逃逸的结果。这种认识忽视了该区东侧菲律宾海板块向西和向西南俯冲挤压的影响，也没有注意到其南部的澳大利亚板块发生较弱的向北俯冲-挤压的作用。显然，中国南海西南部次海盆的NE-SW走向楔形裂陷和NW-SE向伸展作用是不可能用印支板块（见图4-1之27）朝东南逃逸来解释。

Sun等（2009）最先认识到，南海地区的海盆扩张中心在新生代以来一直自北向南逐渐迁移（图4-9，图4-10），60~50 Ma的盆地扩张中心在广东三水盆地，50~40 Ma的扩张中心在珠江口盆地，39 Ma以后的扩张中心在台湾西南海盆，32 Ma的扩张中心转移到南海盆地东北部；30~28.5 Ma的扩张中心在西沙北海槽盆地；28.5~25.5 Ma的扩张中心在南海中央海盆中沙东部扩张脊；23~15.5 Ma的扩张中心在西南次级海盆。

对于南海海盆扩张中心新生代以来逐渐南移的现象存在多种解释：前面已经提到过Tapponnier等（1986，1990）用印度板块向北挤压、导致南海被挤出的解释是很不妥当的。另有学者（Sun et al.，2009；Hall，2011）则用菲律宾海板块逐渐向西南俯冲、挤压，造成南海海盆扩张中心的向南迁移来解释，这种解释比较合理。

在白垩纪晚期—古新世，印度板块的运移方向以朝北北东向为主；在80~70 Ma，以向

图 4-9 南海盆地的近代扩张特征

（据 Sun et al., 2009）

NE 50°～40°为主；在 70～45 Ma 朝 NE 30°～20°；以后则基本上一直以向北为主（Lee and Lawver，1995），从而使中国大陆东部地区白垩纪晚期—古新世的最大主压应力方向总体来说均呈现为 NE 向特征（万天丰，2011）。因而可以推测走向为 ENE 的广东三水-北部湾和珠江口盆地的形成可能就是受此应力场影响的。此时红河断裂带呈现为左行走滑特征，断裂带内近南北向次级断裂比较紧闭。始新世（39 Ma）时期形成的台湾西南盆地洋壳和 32 Ma 时形成的南海盆地东北部，以及 30～28.5 Ma 形成的西沙北海槽盆地则可能多少还是受印度洋板块朝 NEE 向挤压的远程滞后效应的一点影响（图 4-10）。

始新世时期，从 43 Ma 开始，太平洋板块西南部的 Caroline、Samoa 到 Easter Foundation 等岛链均以 7.7 cm/a 的速度朝 WNW 向运移，此作用影响到中国南海与菲律宾吕宋岛一带，使其受到近东西向挤压，从而导致在渐新世末期（25～20 Ma）菲律宾吕宋岛以西海域形成了近南北向张裂和近东西向延伸的南海东部海盆的雏形。

而在新近纪时期（23 Ma 以后），在菲律宾海板块（图 4-1 之 65）向西南挤压作用下，

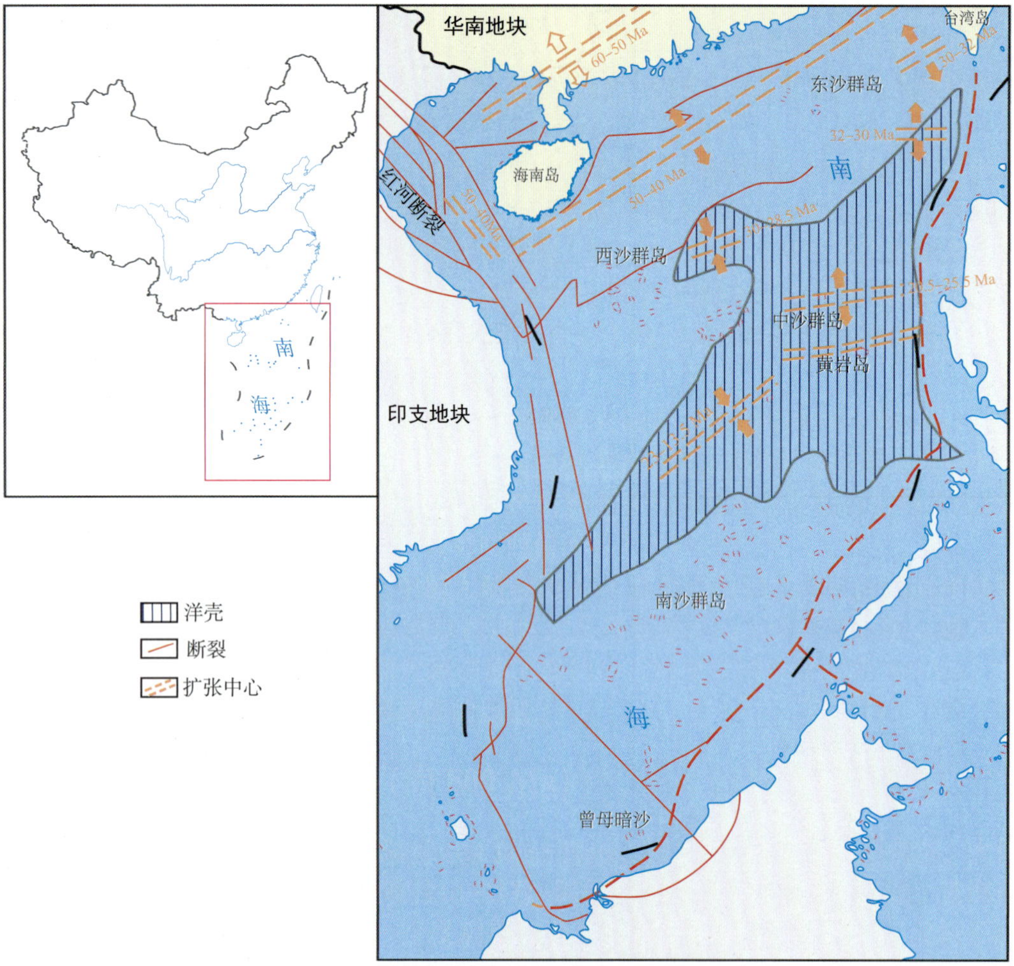

图 4-10 新生代以来南海扩张中心逐渐南移
(据 Sun et al., 2009, 修改)

同时还在南海东部进一步派生了近南北向扩张。菲律宾西侧-马鲁古双岛弧-海沟带（图 4-1 之 64）发生朝 SW 方向俯冲，挤压的中心部位就逐渐向西南迁移（图 4-10）。

根据洋底磁条带的分布和附近地块的古地磁资料，Hall 等（1996，2011）指出在 50~5 Ma 期间菲律宾海板块在逐渐增大，并产生了顺时针转动（图 4-11），致使菲律宾海板块西部在新近纪朝西挤压的同时，还派生了近 N-S 向的伸展，也使其形成了具有右行走滑的斜向挤压作用（图 4-11），从而可能使构造挤压作用最强的部位逐渐南移，致使新近纪南海的洋盆走向转为近 NE-SW 向。

根据区域构造研究，红河断裂在古近纪时期受其东部太平洋板块向西俯冲，而使其走向 NW-SE 向的断层发生左行走滑的运移（钟大赉，1998）。至于，到越南北部的红河口外，海南岛西侧的红河-莺歌海盆地则是新近纪红河断裂带受向西的挤压作用，使之成为右行走滑断层所派生的断陷盆地。而此断裂带向南延伸则转为近南北走向，成为南海西部浅海与半深海的分界线（图 4-10）。

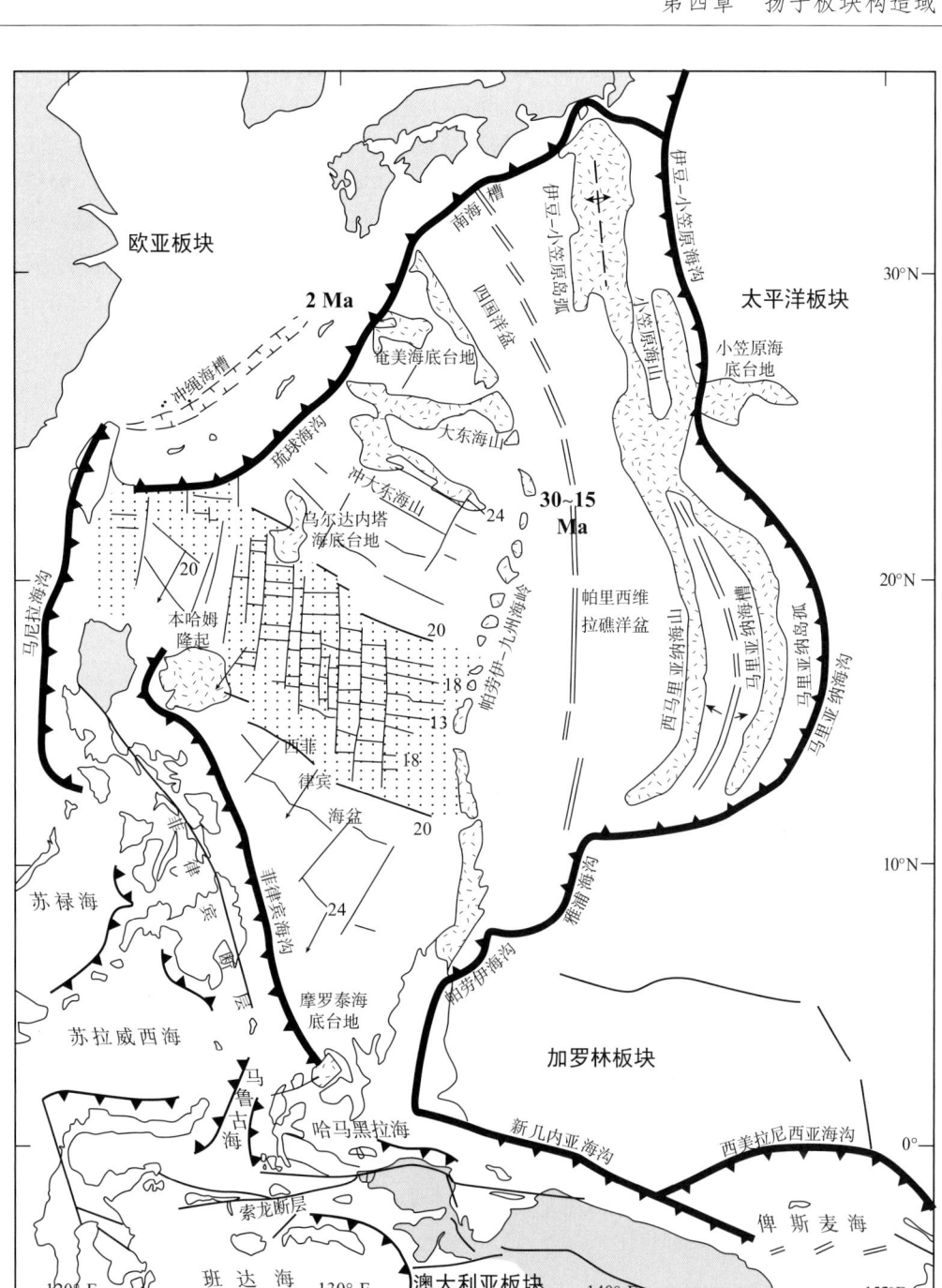

图 4-11　菲律宾海板块构造
（据 Hall，2011）
图内小箭头指示新近纪菲律宾海板块对菲律宾岛弧及南海盆地的挤压方向

十、巴拉望-沙捞越-曾母暗沙地块（65 Ma）

南海的最南端为巴拉望-沙捞越-曾母暗沙地块（The Palawan-Sarawak-James Shoal

Block；见图4-1之29），是白垩纪形成的东加里曼丹-苏禄群岛增生碰撞带北侧的一个边缘地带；此地块以北与中国南海断陷盆地（见图4-1之28）相连接（见图4-9）。不过，巴拉望-沙捞越地块深部结晶基底的特征至今尚缺乏资料，现在根据地表附近的地质特征来看是属于新生代的板内变形区。由于新生代中国南海盆地的断陷，使巴拉望-沙捞越-曾母暗沙地块与华夏板块有所分离，后来又在澳大利亚板块向北俯冲、挤压作用影响下，该区发生了较强的构造变形，以致部分地区隆升成山或海岛，并在其南部边界断裂发育蛇绿岩套（Hall，2011）。

第五章 冈瓦纳构造域

冈瓦纳构造域（Ganwana Tectonic Region）包括亚洲大陆南部和中国西南部绝大部分的地块与碰撞带，其在中国的范围内是双湖三叠纪碰撞带，昌宁-孟连-泰国清莱-中马来三叠纪碰撞带（230~210 Ma）的北段，南羌塘-中缅马苏地块的北段，班公错-怒江-曼德勒-普吉-巴里散北缘白垩纪碰撞带的北段，冈底斯地块，雅鲁藏布-密支那古近纪碰撞带的北段，喜马拉雅地块，喜马拉雅南缘主边界的逆掩断层系（位于尼泊尔），再向南则为印度板块。

此外，属于冈瓦纳构造域的，还有亚洲南部的印度板块，高加索-厄尔布尔土晚古生代与白垩纪碰撞带，安纳托利亚-德黑中白垩-古新世碰撞带，阿富汗-伊朗-土耳其板块，扎格罗斯碰撞带，阿拉伯板块，阿曼白垩纪碰撞带，红海裂谷带，西缅甸（勃固山-仰光）板块，阿拉干-巽他新生代俯冲-岛弧带，巽他板块，东加里曼丹-苏禄群岛白垩纪碰撞带，苏拉威西海板块，东爪哇地块和北新几内亚岛弧带等（上述亚洲各国的地质特征，详见万天丰，2018；Wan，2020）。

在冈瓦纳构造域内，几乎所有地块都具有新元古代晚期—早寒武世（600~513 Ma）形成统一结晶基底的特征，都有在此时期形成的中深变质岩系，构成结晶基底。所有板块都形成于南半球的南部，以后才逐渐地向北运移的，并在赤道附近开始发生俯冲、碰撞与拼接。其碰撞作用主要都是发生在三叠纪中晚期、侏罗纪或白垩纪，甚至一直延续到现代。

本书仅讨论中国境内为主的、属于冈瓦纳构造域的各个构造单元。有个别印度学者曾以为整个中国大陆都属于冈瓦纳大陆的说法，是完全不符合事实的。

一、双湖三叠纪碰撞带（230~210 Ma）

双湖三叠纪碰撞带（见图 4-1 之 32）是位于东兴都库什-喀喇昆仑与羌塘地块之间的碰撞带，并且断续地发育了一系列三叠纪（230~210 Ma）的蛇绿岩套与高压变质带（李才，1997，2006），而且还是冈瓦纳冷水动物群与扬子暖水动物群的分界线。近年来，在区域地质调查中发现，在白垩纪晚期近东西走向的双湖碰撞带在向东南延伸的过程里，被班公错-怒江碰撞带的左行走滑断层所切断，使得原来连在一起的双湖和昌宁-孟连-泰国清莱-中马来亚碰撞带被错断。

二、昌宁-孟连-泰国清莱-中马来三叠纪碰撞带（230~210 Ma）

昌宁-孟连-泰国清莱-中马来（文东-劳勿）三叠纪碰撞带（Changning-Menlian-Thailand Qinglai-Middle Malay Triassic Collision Zone；见图 4-1 之 33）是北羌塘-印支板块与南羌塘-中缅马苏地块的分界线。如上述昌宁-孟连-泰国清莱-中马来（文东-劳勿）三叠纪碰撞带与双湖三叠纪碰撞带原来是同一条碰撞带，在白垩纪时期，才被班公错-怒江碰撞带所切断。昌宁-孟连-泰国清莱-中马来（文东-劳勿）三叠纪碰撞带是一条构造变形强烈的混杂岩带，其宽度可达几千米到40 000 m左右（图5-1，图5-2），断续地发育了一系列晚古生代蛇绿岩套与三叠纪（230~219 Ma）的高压变质带（Liu et al., 1991；刘本培等，2002；钟大赉，1998；Hutchison and Tan, 2009）。根据现有的晚古生代生物群组合特征来判断，该带也是冈瓦纳冷水动物群与欧亚（主要是指扬子板块）暖水动物群的分界线。在文东-劳勿三叠纪碰撞带以西的地层显示了晚古生代典型的亲冈瓦纳冷水动物群的地层组合，也赋存着具有冰积物的含砾板岩与放射虫硅质层，它们显然都属于南羌塘-中缅马苏地块的。而在文东-劳勿三叠纪碰撞带以东地区，则表现为非常清晰的暖水生物群的沉积特征，它们形成于晚古生代碳酸盐岩系（十分类似于扬子板块的栖霞、茅口灰岩等地层，但都属于印支

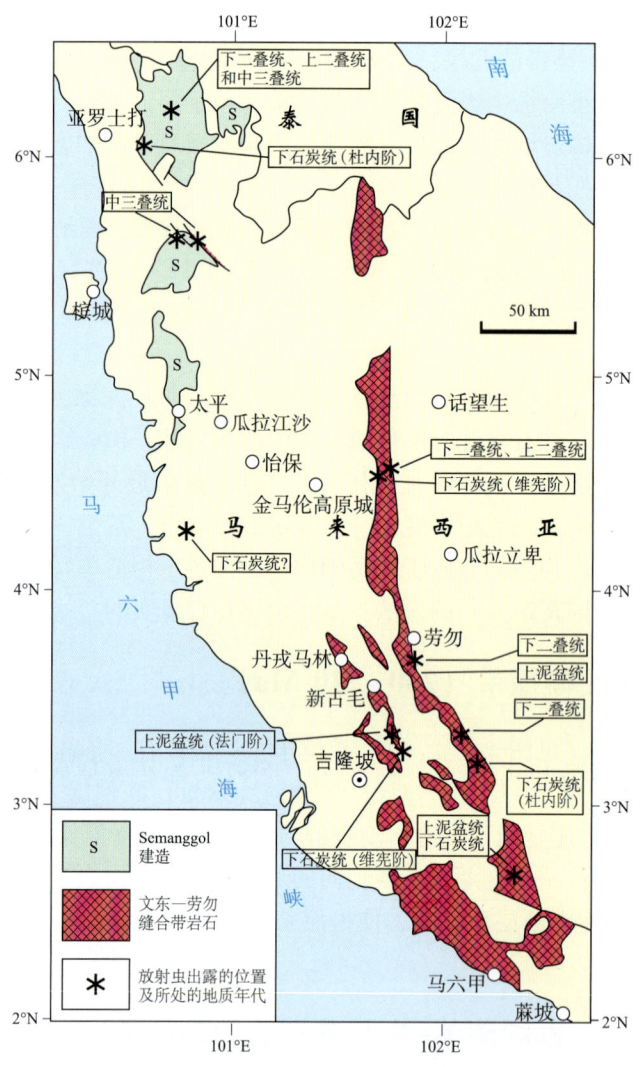

图5-1 马来半岛中部文东-劳勿碰撞带

（据Hutchison and Tan, 2009）

马来半岛中部碰撞带的分布，展示了具有地质年代的放射虫硅质层的出露位置，在此带以西地区则广泛分布了晚古生代的放射虫硅质层与含砾板岩，它们具有典型的冈瓦纳大陆的特征。此Semanggol建造是由板块碰撞作用所造成的，它可代表碰撞带的前缘盆地沉积岩系

图 5-2　三叠纪文东-劳勿碰撞带中部的构造碎裂的照片

(万天丰拍摄，1991)

构造混杂岩由大量含两盘各类岩石的构造岩片所构成，包括含砾板岩、放射虫硅质岩、石灰岩、页岩和砂岩等

板块)，其岩层产状在不少地区都几乎直立。晚三叠世的煤系地层 (非常类似于扬子板块的安源煤系) 则呈角度不整合的接触关系几乎水平地覆盖在其上部。此构造带向南延伸，可直达苏门答腊的北部 (Metcalfe，1991，1995)。

三、南羌塘-中缅马苏地块 (自 500 Ma)

南羌塘-中缅马苏地块 (Southern Qiangtang-Sibumasu Block；见图 4-1，图 4-8；大约形成于 500 Ma) 是双湖三叠纪碰撞带，昌宁-孟连-泰国清莱-中马来 (文东-劳勿) 三叠纪碰撞带与班公错-怒江-曼德勒-普吉-巴里散北缘白垩纪碰撞带之间的长条状弧形的地块。此板块从南羌塘向东南延伸，被班公错-怒江碰撞带的左行走滑断层所错断，向南经云南的昌宁-孟连及其以西的宝山-耿马地区，缅甸东北部的掸邦，泰国西部的达府以西山区，马来半岛西部，直到苏门答腊北部。这是一条后期被扭曲了的长条形板块 (见图 4-8)。原来此板块早期应该是近东西向展布的，现在其东南部已经被改造成近于南北向分布。近南北向延伸的长条形的地块——中缅马苏地块 (Sibumasu Block)，最早是由澳大利亚学者 Metcalfe (1991，1995) 提出并命名的，后来被许多地质学家所引用。

中缅马苏地块的结晶基底为 500 Ma 左右，为泛非构造事件所形成的 (Wan，2011，2020)，原先属于冈瓦纳大陆的一部分。中寒武世以后，就开始从冈瓦纳大陆逐渐裂离 (见图 1-6)，晚古生代时期，仍位于南半球南部，具有典型的冈瓦纳大陆冷水动物群和含砾板岩的沉积特征。直到三叠纪才向北拼合到欧亚大陆南部 (见图 1-12)。白垩纪以来，受印度板块和澳大利亚板块的快速北移与俯冲、碰撞作用的影响，此板块逐渐被压扁、拉长、弯曲和转动，以致达到现今的近南北向展布状态 (见图 1-14 至图 1-16)。

有的学者把南羌塘地块与双湖碰撞带都当作碰撞-增生混杂地带，认为根本不存在南羌塘地块，此观点值得商榷，未被多数学者所接受。虽然该区至今还缺乏 500 Ma 左右的变质岩系同位素年龄数据，但是从奥陶纪开始到二叠纪该区都具有构造环境较为稳定的浅海沉积来判断，该区当时曾经处在较稳定的结晶地块。就现有资料来看，南羌塘地块具有相对稳定地块的认识，可能是比较合理的。

四、班公错-怒江-曼德勒-普吉-巴里散北缘白垩纪碰撞带（100~66 Ma）

班公错-怒江-曼德勒-普吉-巴里散北缘白垩纪碰撞带（Bangongco-Nujiang-Mandalay-Phuket-Northern Barisan Cretaceous Collision Zone；见图4-1之35）可能起始于晚侏罗世（怒江北段），主要发育于白垩纪中期—古近纪早期，此碰撞带从西藏北部的班公错向东，经改则-丁青一带，藏南的康沙-十字卡（他念他翁的西南侧）延伸到怒江，再向南就进入缅甸的曼德勒、泰国的普吉和印度尼西亚的巴里散。此碰撞带是南羌塘-中缅马苏地块与冈底斯（拉萨）地块、西缅甸-勃固山-仰光板块之间形成的碰撞带，其构造变形的总体特征表现出地层都变成陡倾斜褶皱，并形成逆掩断层，在剖面上呈扇状分布，断层具有对冲的特点。但是多数逆断层面都是朝北东方向倾斜，倾角为中-高角度，这表明碰撞带是以西南盘下插、东北盘仰冲为主的而定型的。碰撞带内的断层可切断侏罗系、白垩系和部分古近系。沿此带多处发育蛇绿岩套，班公错的蛇绿岩套形成于早白垩世（郭铁鹰等，1991），改则-丁青一带的则发育在侏罗纪（西藏自治区地质矿产局，1993），其东部的康沙-十字卡一带蛇绿岩套就都是以冷侵位的方式，进入到下白垩统之中（王根厚等，1996），滇西高黎贡山东侧怒江带的超镁铁质岩体也能以冷侵位方式到下侏罗统之中（钟大赉，1998）。据很多学者的研究，当时洋盆的扩张速度仅为1.2 cm/a，为低速的扩张，与现代大西洋的扩张速度相当。洋盆封闭的时间略有差别，但主要是发生在早白垩世末期。

冈底斯-腾冲地块和南羌塘-他念他翁-保山地块（当时已是欧亚大陆的一部分）碰撞的时间，比较有把握的资料应该是在白垩纪末期—古近纪早期。班公错附近的碰撞花岗岩的形成时间从100 Ma到55 Ma（郭铁鹰等，1991），康沙-十字卡一带花岗岩体主要发育在75~86.4 Ma（王根厚等，1996）。沿整个班公错-怒江碰撞带构造研究至今尚不够深入，但王根厚等（1996）在他念他翁地块西南侧的构造变形研究中得到一些很有意义的资料，他们发现康沙-十字卡断裂带的糜棱岩，除反映了挤压、碰撞之外，在86.4~75 Ma时期还呈现为较强烈的左行走滑变形，而在30 Ma前后，则表现为较微弱的右行走滑变形。

班公错-怒江断裂带在75~86.4 Ma的左行走滑，这一资料与中国东部白垩纪晚期的最大主压应力方向为ENE向的特点十分吻合，在此种应力场的作用下，班公错-怒江碰撞带的走向近东西的这一段，表现出左行走滑变形。正是这次强烈的左行走滑变形切断了双湖三叠纪碰撞带和昌宁-孟连-泰国清莱-中马来三叠纪碰撞带。显然此种应力作用方向是与印度板块在白垩纪晚期（70~80 Ma）曾朝NE40°~50°方向运移和挤压作用有关（Wan，2011）。在白垩纪，中国大陆广泛的板内变形和形成班公错-怒江碰撞带左行走滑的动力来源，显然都是与中国大陆以南的印度板块和澳大利亚板块快速地朝北东方向运移所派生的一系列构造活动有关的。

根据区域岩浆活动与古板块的划分，此白垩纪碰撞带，从班公错-怒江-曼德勒-普吉，延伸到印度尼西亚的巴里散北缘一带，穿过爪哇海，学者们都推测此带还可继续向东延伸，到加里曼丹岛东缘和苏禄群岛一带，此即东加里曼丹-苏禄群岛白垩纪碰撞增生带。它们都是澳大利亚板块向北运移，在与欧亚大陆之间形成的白垩纪碰撞带，只是由于在爪哇海地区缺乏露头，暂时只好推断它们可能是连成一体的。

五、冈底斯地块（自 500 Ma）

冈底斯地块（Gangdise Block，也有学者称之为拉萨地块；见图 4-1 之 36）的结晶基底大约在 500 Ma 左右形成，也是泛非构造事件的结果，显然原来它也属于冈瓦纳大陆。中寒武世开始就逐渐与冈瓦纳大陆裂离。根据古地磁学的研究，此地块在古生代—三叠纪时期，一直较稳定地处在南纬 30°~20° 的地区，但在中生代早期则反而向南运移，发育着冷水动物群，气候属于南半球高纬度的寒冷区（见图 1-6 至图 1-12）。然而，从晚侏罗世到晚白垩世（见图 1-13，图 1-14），该地块就从南纬 11.8° 运移到北纬 11.8°，平均运移速度为 3.3 cm/a。白垩纪以后，继续缓慢地向北运移，平均运移速度为 2.6 cm/a，以致到达现在的位置（其中心参考点的纬度为北纬 29.7°；见图 1-15，图 1-16；Wan，2011）。

张泽民等（2008）对冈底斯（拉萨）地块的变质岩系进行了系统的测年研究，发现在其正变质岩系内，存在 496 Ma、367 Ma 和 56 Ma 等 U-Pb 年龄，在副变质岩系内的碎屑锆石年龄的峰值有 1 555 Ma、1 141 Ma、981 Ma、576 Ma、341 Ma、110~80 Ma、55~50 Ma、35~25 Ma 等。这些数据都说明该地块确实具有冈瓦纳大陆泛非构造事件（约 576 Ma）的特征，但是存在 1 141 Ma 与 981 Ma 的同位素年龄数据，表明早期它既可能具有亲澳大利亚西部的特征，也有亲印度板块的特征。

Zhu 等（2010）在研究羌塘、冈底斯、特提斯喜马拉雅、高喜马拉雅与西澳大利亚地块二叠纪及其以前的沉积岩中各时代的碎屑锆石的分布特征之后，发现南、北两个冈底斯地块与西澳大利亚地块碎屑锆石具有大量的 12 亿年的测年数据，而羌塘、喜马拉雅等地块的碎屑锆石则具有大量的 10 亿年左右的年龄数据，与印度板块的特征相近似。据此，他们推论冈底斯（包括南、北两部分）地块在古生代则具有亲西澳大利亚板块的特征，而喜马拉雅地块则是亲印度板块的，他们的认识与张泽民等（2008）的意见不一致，有待进一步的探讨。

Yang 等（2009）在冈底斯（拉萨）地块的东部松多地区发现榴辉岩，认为这是一条碰撞带，他们将冈底斯地块划分为南、北冈底斯两个地块。在碰撞带中部松多榴辉岩的同位素年龄为 261.7 Ma，在其附近的富铝花岗岩的年龄为 263 Ma，均为晚二叠世的。此碰撞带是否也能够一直向西延伸贯穿整个冈底斯地块，还有待于进一步追索。不过，王立全等（2008）认为，松多榴辉岩可能只是羌塘板块下插到冈底斯地块之下所构成的岛弧型火山作用的表现。两者的认识截然不同，需要进一步探讨。

六、雅鲁藏布-密支那古近纪晚期碰撞带（33.7~23.5 Ma）

雅鲁藏布-密支那古近纪碰撞带（Yarlung Zangbo-Myitkyina Paleogene Collision Zone 见图 4-1 之 37）是冈底斯地块（见图 4-1 之 36）与喜马拉雅地块（见图 4-1 之 38）之间的古近纪晚期的碰撞带。在古近纪时期，此带也是冈瓦纳地块群（印度板块、喜马拉雅地块）与欧亚大陆之间的一条重要的板块分界线。在这个强烈变形的构造带上，断层面和地层的倾角都较陡，既有朝南倾、也有朝北倾的，出露了许多构造岩片（包括三叠纪复理石堆积、侏罗纪、白垩纪—始新世晚期大洋与浅海相混杂堆积）和发育完好的蛇绿岩套。雅鲁藏布江蛇绿岩套，在日喀则附近出露面积很大，形成一条长达 170 km、宽 2~20 km 的东西向条带（Tapponnier et al.，1981；Allegre et al.，1984）。

近年来，已经在雅鲁藏布江蛇绿岩套的反映大洋沉积的硅质层内，发现始新世晚期的放射虫，这个资料说明了洋壳最后消失的时期。因而推断印度板块与欧亚大陆（直接接触的为冈底斯地块，也称拉萨地块）在雅鲁藏布江带最后真正开始碰撞的时期可能是在渐新世中晚期（即 34 Ma；Aitchison et al.，2001，2007；Wang et al.，2002）。然而，过去比较流行的看法则认为是在古新世早期（60 Ma 左右）或始新世（40 Ma）发生了碰撞（Tapponnier et al.，1981；Allegre et al.，1984；Besse et al.，1984；莫宣学等，2009）。近年来，有人在该带内发现古新世的放射虫（大约生成于 50 Ma），认为前人所说的渐新世晚期的放射虫为远处漂移来的，与浅水生物混生，从而认为洋壳消失的最后时限约为 50 Ma。有关此问题仍在继续讨论之中，当存在许多时代的洋壳沉积层时，应该在最新洋壳消失之后才是碰撞作用的开始，但是，在发生碰撞后，存在很小面积的残余洋壳也是可能的（如地中海的现状）。碰撞作用开始以前的汇聚作用，都应该称之为俯冲。

在缅甸密支那一带，发育着两条侏罗纪的蛇绿岩带。东带（密支那以东，也称萨呷断层；图 5-3）为泰缅地块与西缅甸板块之间的碰撞带，在若开山脉东缘发育了大量 SSZ 型的蛇绿混杂岩和超铁镁质岩体。岩石中锆石 U-Pb 定年结果：安山玄武岩为（166±3）Ma，浅色辉长岩为（177±1）Ma，橄榄辉石岩为（171±2）Ma，斜长花岗岩为（176±1）Ma。熔岩和其他基性岩的大离子亲石元素含量显著富集，而高场强元素 Nb、Th、Ta、Zr、Ti 则明显亏损，它们均起源于亏损地幔，为典型的 SSZ 型的熔岩［即在洋-陆俯冲作用下，受俯冲板片"翻卷作用（Rollback）"所派生的］。这与几乎同时在侏罗纪形成的，并在同一构造带上的密支那西带和雅鲁藏布江蛇绿岩套显然属于不同的类型，雅鲁藏布江和密支那西带的蛇绿岩套为在板块扩张条件下的洋中脊（MOR 型）附近形成的。西带蛇绿岩套产在缅甸中央盆地与其西侧的印缅山脉之间的俯冲带内。印缅俯冲带，也即本书所述的阿拉干-巽他俯冲岛弧带，将在后面阐述。

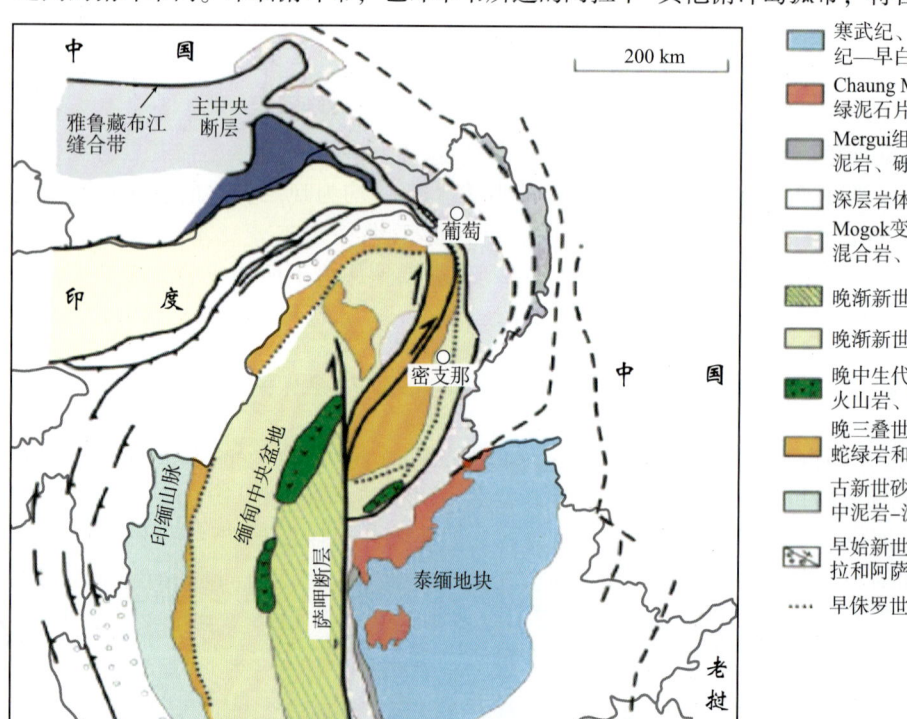

图 5-3　缅甸及周缘地质构造略图
(转引自杨经绥等，2012)

七、喜马拉雅地块（23.5~16.8 Ma）

喜马拉雅地块（见图 4-1 之 38）为喜马拉雅逆掩断层带在古近纪末期印度板块与欧亚大陆（其南部为冈底斯地块）之间发生碰撞之后，在新近纪进一步汇聚和缩短过程中形成的薄皮构造。一般认为，喜马拉雅逆掩断层带是由三条著名的构造带所组成的（Tapponnier et al.，1981；Allegre et al.，1984），由南向北依次为：主边界逆掩断层带（MBT；图 5-4 上图，图 5-5），主中央逆掩断层带（MCT；图 5-5），主北逆掩断层带（MNT；也称为康马逆掩断层带；图 5-4）。再向北就是渐新世中晚期形成的雅鲁藏布江碰撞带（图 5-4，图 5-5）。主边界逆掩断层带和主中央逆掩断层带都在喜马拉雅山脉分水岭以南的地区，属于尼泊尔和印度境内，国内学者对于它们研究得比较少。主边界逆掩断层带以南的锡瓦里克（Siwalik）磨拉石建造及其以下的岩石圈此时都属于欧亚大陆板块的印度地区；主边界逆掩断层带以北的所有地块，此时已属于欧亚大陆板块。因而喜马拉雅的强构造变形是发生在陆陆碰撞之后的板内变形阶段，也可以说是继续碰撞的阶段。

喜马拉雅逆掩断层带的各条主断层面均以中、低角度朝北倾斜，即断层面的下盘都是向北、向下俯冲的，它们构成了一个叠瓦式逆掩断层系，并伴有一系列中、低级动力变质带。构造动力作用形成了一系列绿片岩相、角闪岩相、矽线石相和蓝晶石相变质岩系，还形成走向近东西的、线型紧闭的褶皱系。喜马拉雅逆掩断层带主要发育于中新世（Sinha-Roy，1982；Allégre et al.，1984）。近三十多年来，采用多种同位素测年方法研究了上述这些逆掩断层带活动时期的相关的岩石，得到的数据都在 16.8~23.5 Ma 之间（U-Pb 法，23.5 Ma，Tapponnier et al.，1990；Ar-Ar 法，17 Ma，Copeland and Harrison，1990；Ar-Ar，AFT，18.5 Ma，Copeland，1987；AFT，16.8 Ma，Corrigan and Crowley，1992），这些数据与西藏自治区地质矿产局（1993）后来的测年结果和地质分析的结论都是一致的。喜马拉雅西北段（巴基斯坦北部）的主要地幔逆掩断层（Main Mantle Thrust）活动年代比较长一些，为 45~20 Ma（Chamberlain and Zeitler，1996）。东喜马拉雅构造结（也即南迦巴瓦构造结）变质岩系叠加的最新变质年龄为 23~18 Ma（丁林和钟大赉，1999；Liu et al.，2007）。所有的数据都表明喜马拉雅逆掩断层带的主要活动时期是发生在新近纪早期。

主中央逆掩断层带的推覆断距，许多学者采用剪切应变法，估计都在 80~115 km 左右（Sinha-Roy，1982），此估算量可能偏小了一点。根据古地磁的资料来推算印度板块与欧亚大陆之间的汇聚量，在 22 Ma 内，印度板块古地磁的中心参考点的纬度，从北纬 11°移到北纬 21°来估算，则板块之间的汇聚和喜马拉雅逆掩断层带的总缩短量约为 1 000 km（Klootwijk and Radhakriehnamurty，1981，Lee and Lawver，1995），平均以每年 4.8 cm 的速度向北位移。Besse 等（1984）估算的印度与欧亚大陆板块之间的汇聚量为 550~650 km，喜马拉雅逆掩断层带的逆掩断距约为 400 km。以上两个估算量相差不太多。只不过 Besse 等（1984）认为碰撞作用发生的年代在 50 Ma 左右，现在来看，可能偏早了一些。

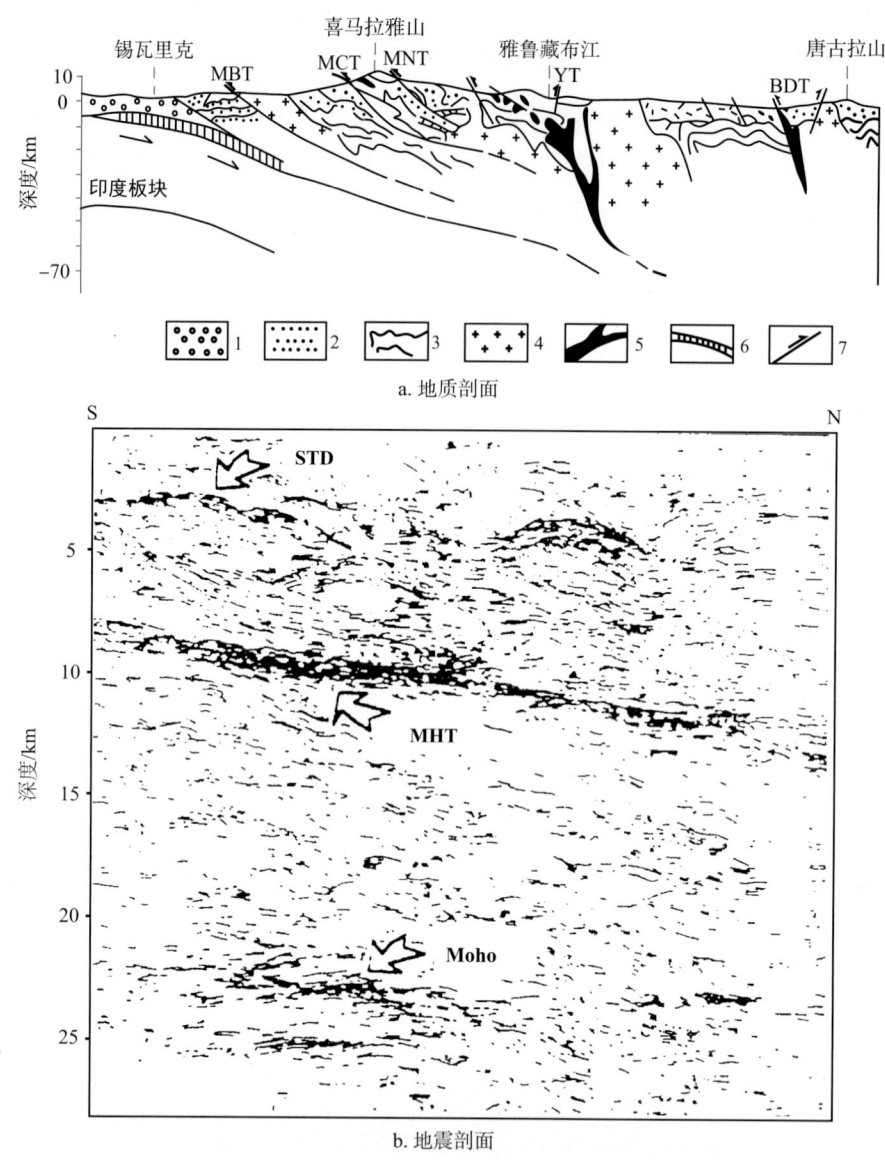

图 5-4 喜马拉雅碰撞带地质剖面与地震剖面
（据赵文津，1997，有修改）

1—新生代磨拉石建造；2—沉积盖层；3—结晶基底；4—花岗岩；5—超基性岩；6—构造消减带；7—逆掩断层带。MBT—主边界逆掩断层；MCT—主中央逆掩断层；MNT—主北逆掩断层；YT—雅鲁藏布江断层带；BDT—班公错-丁青断裂；MHT—深部主喜马拉雅逆掩断层；Moho—莫霍面；STD—地壳内局部的软弱界面

八、青藏高原地块

近年来，西喜马拉雅地区深约 1 000 km 的地震层析资料表明，来自印度板块的、冷的高速异常板片在青藏高原之下可向下插到 600 km 左右的深处，而在 600~800 km 一带则就插不下去了，而表现为向南翻转的特征（Bijwaard et al., 1998；Van der Voo et al., 1999）。

第五章 冈瓦纳构造域

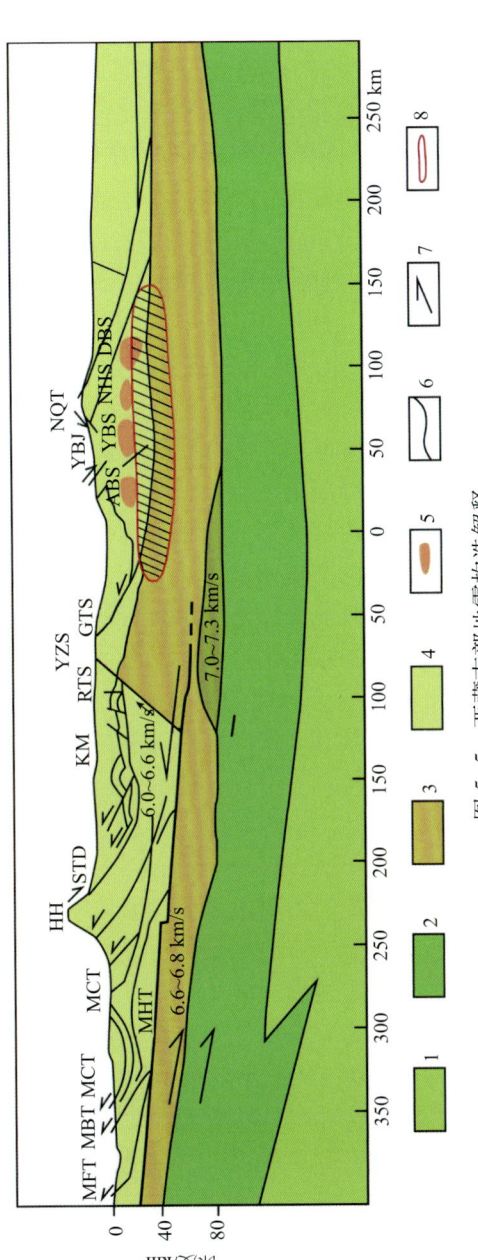

图 5-5 西藏南部地震构造解释
（据 Zhao et al., 2004）

1—软流圈；2—西藏岩石圈地幔，厚约 40 km，其左侧厚度大于 60~70 km 的部分，可能为印度大陆型岩石圈地幔；3—下部地壳，可能为印度板块，原来属于印度板块；4—西藏地区下地壳；5—地震反射亮点（可能存在局部的岩石熔融）；6—地质界线；7—断层运动方向；8—部分熔融点。MFT—主前逆掩断层；MBT—主边界逆掩断层；MCT—主中央逆掩断层；HH—高喜马拉雅结晶岩块；STD—藏南拆离面；KM—康马岩穹；RTS—林周后同雅拉逆掩断层系；YZS—雅鲁藏布-密支那断层带（碰撞带）；GTS—冈底斯断层逆掩断层系；YBJ—羊八井地堑；NQT—念青唐古拉山；MHT—深部主喜马拉雅逆掩断层；ABS, YBS, NHS, DBS—均为地震波的"亮点"名称，可能为岩石的局部熔融体这说明印度板块并不是如过去有些学者（Argand，1924；Powell and Conagham，1973；Seeber et al.，1981；Klootwijk et al.，1985；Houseman and England，1996）所推测的那样，一直向北长距离地俯冲下插，甚至延伸到整个青藏高原之下。

中国大陆西部地区，喜马拉雅期的构造变形相当强烈，构成了一个规模巨大的青藏逆掩断层系统，也被称为薄皮构造体系。按照 Burchfiel 等（1992）和 Royden 和 Burchfiel（1997）的看法，喜马拉雅构造期的逆掩断层系，不仅发育在上述喜马拉雅山脉内（见图 6-7），而且还形成一个朝北北东方向运移的、巨大的断块构造体系，其东北前缘到达龙首山逆断层带（图 6-7 之 17），西侧为阿尔金左行走滑断层带（图 6-7 之 13），东侧是小江右行走滑-正断层（图 6-7 之 22），其范围与青藏高原地区基本相同。在此范围内的一系列走向北西西的断层，都构成了一个个叠瓦状的逆掩断层系，如班公错-东巧逆掩断层（图 6-7 之 4），空喀拉-唐古拉温泉逆掩断层（图 6-7 之 5），金沙江-红河逆掩断层带（图 6-7 之 6），昆仑山逆掩断层带（也即昆中断层带，图 6-7 之 7），柴达木南缘逆断层（图 6-7 之 12），宗务隆山-青海湖南缘（即柴达木北缘）逆掩断层（图 6-7 之 14），中祁连南缘逆掩断层（图 6-7 之 15），北祁连北缘逆掩断层（图 6-7 之 16）等。他们还认为此薄皮构造是主要发育在上地壳，以中地壳低速高导层（深度为 20~30 km）为主要滑脱面，滑脱的距离最大可达上百千米，小则上万米。应该说，这个青藏薄皮构造体系是在老断层的基础上，在印度板块朝北北东方向继续挤压和碰撞作用下而发育起来的。在薄皮构造内部还形成一系列的褶皱，它们主要发育在藏南和柴达木地区，以及大量的近南北向陡倾斜的节理系（万天丰，2011）。

在此薄皮构造体系西部，昆仑山北侧（康西瓦-若羌-敦煌走滑-逆断层；图 6-7 之 8）和天山南北两侧也发育着走向近东西-西北西的逆掩断层系，构成盆地的地块都朝山脉之下俯冲（当然也都是陆内俯冲），同时也伴随着中等幅度的褶皱和发育近南北向的张剪性断裂。早更新世形成的西域砾石层、玉门砾石层及其下伏的地层都参与了褶皱和断裂。在此时期，昆仑山北麓、祁连山北侧和天山南北两侧的新近纪—早更新世盆地，如塔里木北缘盆地、塔里木南缘盆地、河西走廊玉门盆地、柴达木南缘盆地、柴达木北缘盆地和准噶尔南缘盆地等，可以称为前陆盆地。只有在板块俯冲或陆内俯冲带前方、与之同时形成的沉积盆地，才可以叫作前陆盆地。而在新近纪以前形成的塔里木、柴达木和准噶尔等沉积区都不属于前陆盆地的范围，而是断块盆地。

对于青藏高原的隆升过程，近年来取得许多进展。前几年通过对于青藏高原植被演化和高原面高程变化史的研究，认为从古新世以来高原由热带低地森林脉动式地演变为亚热带山地森林及灌木丛草原，青藏高原呈阶段性的持续上升，到中新世中晚期已经达到 3 km 以上的高度（魏明建等，1998）。高原面的主要形成时期是新近纪早期（23 Ma 左右）。可可西里五道梁群广阔的湖相沉积岩系的底面就是此高原夷平面的主要代表（李廷栋，2002）。现在较多的学者认为，青藏高原隆升作用发生得比较晚。尽管，在新近纪青藏地区一直在隆升，但是直到新近纪末期，青藏高原（包括滇西地区）的海拔高度仍不超过 2 000 m 左右（刘东生，1997）。

兰州大学等单位研究了青藏高原北缘主峰、高原高度与山前沉积物粒径的经验关系式，根据沉积物粒径大小来反推隆升过程，认识到青藏高原北部在新近纪中期（12.18~8.26 Ma）隆升速率是很低的，仅为 0.13 mm/a（宋春辉等，2001）。8.35 Ma 时的海拔高度仅为 900 m。在 8.35~3.1 Ma，只上升了 420 m，即隆升速率为 0.11 mm/a。强烈隆升时期主要发生在早更新世，在3.1~0.9 Ma内，青藏高原高度可从平均高度1 320 m升高到3 700 m左右，隆升速率为1.075 mm/a，几乎是新近纪的9倍。中更新世以来的隆升速度很有限（傅开道等，2001）。

在3.1~0.9 Ma期间存在强烈剥蚀和沉积的现象，现在已经认识到是全球的普遍现象，并认为这是全球气候由稳定状态变成大幅度、高频率动荡状态所造成的（张培震和Molnar，2001）。笔者认为，这可能与早更新世全球大冰期有关，大量海水被冻结在两极的冰盖里，引发全球性的海平面下降，因而必然造成大陆侵蚀作用的增强，沉积物粒径加大。因此沉积物厚度增加的现象，不一定全都是地壳隆升的结果。但是，此时高原的高度约在2 400 m，而引起侵蚀作用增强的海平面变化仅为100 m左右。恐怕青藏高原北缘山前沉积物粒径的变化主要还是反映了青藏高原北部的隆升过程。

在青藏高原的东南部，通过莺歌海盆地与滇西高原内部拉分盆地沉积序列与沉降史的研究（王国芝等，2000）认识到，滇西高原在23~11 Ma为初始-快速隆升期；11~5.3 Ma为主要的剥蚀夷平期；主要的快速隆升期在5.3~1.6 Ma，此时奠定了滇西高原的基本格架，隆升幅度达1 700~2 100 m，相对隆升速率为0.5~0.57 mm/a。

肖序常和王军（1998）综合了许多新构造、沉积、裂变径迹和精密水准测量等资料，认为青藏高原在古新世到中新世晚期（60~11 Ma），为低速隆升阶段，隆升速率0.07~0.6 mm/a；中新世晚期到上新世晚期（10~3 Ma），隆升速率为中等，0.3~2.05 mm/a；早更新世到中更新世早期（2~0.5 Ma左右）为快速隆升阶段，隆升速率在5.35~1.6 mm/a之间。

马宗晋等（1998）综合了裂变径迹、冰芯所反映的古气候、古地理、古夷平面等资料，对于青藏高原三维变形运动学的演化阶段进行了系统的研究，基本结论与肖序常和王军（1998）相近，不过他们之间的数据稍有出入。马宗晋等（1998）和Guillot等（1993）还特别指出，青藏高原经历着三维变形，在大幅度的南北向缩短、垂向加厚和地面隆升的同时，还必然会发生侧向挤出，表现为一定程度的同造山伸展，并认为在新近纪及其以前的时期是以南北向缩短、垂向加厚和地面隆升为主的，在新近纪末期—早更新世（3 Ma）以来，则逐渐转变为以东西向伸展和侧向挤出为主要特征。

Harrison等（1992）对于冈底斯地带的曲水岩体进行了$^{40}Ar/^{39}Ar$坪年龄研究，认为：在21 Ma时青藏地区开始隆起；8 Ma时其达到最大高度；之后青藏高原就开始发生近东西向的伸展作用。Coleman和Hodges（1995）、Searle（1995）根据尼泊尔北部裂谷，S-N向正断层中热液白云母$^{40}Ar/^{39}Ar$坪年龄，认为喜马拉雅山从南北向挤压转变为东西向伸展的时间为14 Ma，并将这种在逆掩断层、缩短和隆升作用之后，出现的正断层并造成山脉高度降低的作用，称之为垮塌（fall）作用。许多研究者已经注意到青藏高原在达到隆升高潮之后，最近4 Ma以来，就开始出现走向近东西的拆离和形成正断层（Burchfiel et al.，1987）。

Burbank等（1996）研究了喜马拉雅山脉前陆盆地的锡瓦利克群，他们在盆地内找不到任何古近系的沉积物。最早期的少量沉积物是从16.8~14.6 Ma开始形成的；14.6~10.8 Ma盆地内地层的沉积速度为0.3~0.2 mm/a；在10.8~7.8 Ma，沉积速度最快，为1.0~0.3 km/Ma；从7.8~0.7 Ma（即上新世到早更新世）又降为0.4~0.2 km/Ma。按照Burbank的说法，由喜马拉雅前陆盆地的沉积速度来推测，喜马拉雅山脉的侵蚀-沉积作用最强烈的时期可能是在10.8~7.8 Ma之间，推测这也是隆升最剧烈的时期。

看来，青藏高原自中新世或更早一点就开始出现隆升过程，这一点似乎没有多少争议。

大家都同意在喜马拉雅地区首先发生逆掩、缩短和隆升，而后产生伸展、垮塌作用。但是其转折时期是什么时候开始的，在认识上存在较大的差异。多数国外学者（Harrison et al., 1992a；Molnar et al., 1993；Coleman and Hodges, 1995；Searle, 1995；Burbank et al., 1996）认为青藏高原隆升作用的高潮是发生在 10.8~7.8 Ma 或更早的时期。而国内多数学者（刘东生，1997；肖序常和王军，1998；马宗晋等，1998；宋春辉等，2001；傅开道等，2001；王国芝等，2000）和部分国外学者（Burchfiel et al., 1987；Guillot et al., 1993）则认为青藏的隆升可能主要发生在新近纪末期-早更新世（3~1 Ma）期间。笔者认为，3~1 Ma 可能是青藏高原全面隆升的主要时期，喜马拉雅山脉的开始强烈隆升时期可能稍早一些。在 10~8 Ma 期间，当南北向裂谷的出现作为高原开始垮塌的标志，似乎不一定妥当。

与缩短挤压作用相伴，岩浆活动也有较强烈的表现。冈底斯中带发育了板内富钾火山岩和由地壳重熔而造成的含白云母花岗岩，其同位素年代都在 20 Ma 以内（西藏自治区地质矿产局，1993）。中昆仑-可可西里带（19~7 Ma）发育陆内钾玄岩系列火山岩，在西昆仑-玉门一带（约 5 Ma）也有钾玄岩系列火山岩的喷发。

另外，对于青藏高原隆升的机制问题争论很多，至今还没有取得统一的认识。学者们从各自观察基础上，与各种数学、物理构造模拟相结合，提出了上百种假说。例如，从板块双向或多向俯冲、碰撞，地壳和岩石圈增厚，以及从重力均衡的角度出发，强调青藏高原持续隆升（许志琴等，1996；Houseman and England, 1996；蔡学林等，1998；马宗晋等，1998）；认为在板块俯冲、碰撞、地壳增厚的基础上，壳幔滑脱，软流圈地幔上涌，岩石局部熔融是引起地表隆升和伸展的主要动力（崔军文，1992；Molnar et al., 1993；Zhao et al., 1993；高锐等，1998；Yin and Harrison, 2000）。肖序常和王军（1998）主张将上述的几种作用综合起来考虑。

到目前为止，有关青藏高原隆升机制各种假说的约束条件还不够充分，数据也还不够准确，因而各种假说初听起来似乎都很有道理，但是很难定论。笔者认为把地壳内岩石局部熔融当作引起地表隆升和伸展的主要动力的说法恐怕不容易成立，其实青藏高原之下是软流圈地幔坳陷的地方，有一些壳幔间的局部熔融不足以成为区域性地壳上隆的主要动力来源。总之，板块间的俯冲、挤压，地壳缩短增厚，东西向伸展和在重力均衡补偿作用下地表隆升，这是一种三维变形的统一演化过程。

笔者认为发生在新生代喜马拉雅地区的一系列地质构造事件可概括为如下特征：

（1）板块运移速度减慢，古新世（60 Ma）印度板块向北运移速度由 17 cm/a 降为 10 cm/a，在 45~40 Ma 时印度板块向北运移速度由 10 cm/a 降为 6 cm/a，在渐新世末期（23 Ma）印度板块向北运移速度由 6 cm/a 降为 5 cm/a（Lee and Lawver, 1995）；

（2）最新洋壳存在的时期为渐新世中期（34 Ma），其后就可能发生洋壳消失的时间，此时是印度板块由朝 NE35°转移到 NE15°的时刻，但是运移速度基本没有变化，保持着 6 cm/a 的汇聚速度（Lee and Lawver, 1995），此时正是洋壳消失的时候（Aitchison et al., 2001, 2007；Wang et al., 2002）；

（3）强烈构造变形（逆掩断层与褶皱）形成年代，在喜马拉雅中部为 16.8~23.5 Ma 之间（U-Pb 法，23.5 Ma，Tapponnier et al., 1990；Ar-Ar 法，17 Ma，Copeland and Harrison, 1990；Ar-Ar 法，AFT，18.5 Ma，Copeland, 1987；AFT，16.8 Ma，Corrigan and Crowiey, 1992），在喜马拉雅西部为 45~20 Ma（Chamberlain and Zeitler, 1996）；

(4) 变质热事件，东喜马拉雅构造结（也即南迦巴瓦构造结）变质岩系叠加的最新变质年龄为 23~18 Ma（丁林和钟大赉，1999；Liu et al.，2007）；

(5) 岩浆大规模喷发与侵入的年龄，其中冈底斯地块的林子宗火山岩为 65~40 Ma，冈底斯强过铝花岗岩为 55.7~8.5 Ma，高峰在 24~18 Ma，冈底斯钾质花岗岩为 28~10 Ma，与铜矿成矿关系密切的斑岩体为 18~12 Ma，高喜马拉雅地区过铝花岗岩为 21~11 Ma，北喜马拉雅过铝花岗岩为 15.8~10 Ma（莫宣学等，2009）；

(6) 地壳强烈隆升多数国外学者认为是发生在 10.8~7.8 Ma 或更早的时期，而国内学者多数认为在新近纪末期—早更新世（3~1 Ma）。

综上所述，由于喜马拉雅地区地质事件的同位素年龄较新，数据较准确，可以清楚地认识到：板块汇聚和碰撞过程中的板块运移速度在减慢、洋壳消失、强烈的岩浆变质作用、地壳大幅度隆升等与主构造变形事件尽管可以说是准同时的，但其实并非同时发生。真正造成喜马拉雅地区强烈构造变形、形成大型的逆掩-推覆构造，发生一系列的岩浆、变质作用，并开始隆升成山的构造事件只是发生在新近纪—早更新世（23~0.78 Ma）。因而，碰撞的初始时间应该在 34 Ma 以后，也即古近纪末期以来的构造事件是陆陆碰撞事件的继续和构造-岩浆热事件的高潮（万天丰，2011）。这就是本书将此时期命名为喜马拉雅构造期的主要理由。

第六章　中国中、新生代板内构造变形

由于在整个古生代时期，中国的所有地块都是呈游离状态散布在南半球的古特提斯洋之中（见图1-6至图1-14），因而，在各地块内部，仅仅发育了十分微弱的构造变形，甚至几乎没有什么构造变形。但是，从三叠纪开始，由于受到印度洋板块不断地向北运移、扩张和碰撞，使全球各大地块也包括我国各地块都从南半球向北运移到北半球，从而发生板块的碰撞并逐渐拼接成中国大陆板块，使之成为潘基亚大陆的一部分，并在板块内部形成较强的构造变形。

所以，自中生代以来（即从三叠纪开始到现代）是我国大陆板块拼合、定型和形成多期板内构造变形的主要阶段，这也是形成大量内、外生金属与非金属矿床，并逐渐形成现代地貌的主要时期。一些国内外学者认为：自中生代以来，中国大陆就没有发生过什么板块拼合、构造变形以及大幅度的地形、地貌变化，这种是一种不符合事实的错误认识。

一、印支期构造演化（228~200 Ma）

三叠纪是发生印支构造事件（最早由法国地质学家Fromaget J I于1934年命名）的主要阶段，那是由于中国各主要地块和印支地块都从南半球逐渐向北运移，使中朝板块，扬子板块和华夏板块依次发生碰撞与拼合，先后形成了秦岭-大别-胶南-日本飞驒外带碰撞带和绍兴-十万大山碰撞带，并在各板块内部形成了轴向近东西的许多褶皱（按现代的磁方位来说）以及一些规模不等的、近东西向展布的弧形构造系（如长江中游附近弧形褶皱带，广西北部弧形褶皱带）。需要注意的是全球在古生代末期—早三叠纪之际，重大的生物群灭绝、灾变事件是发生在约250 Ma前，然而全球各地区的强构造变形时期与生物灭绝、古气候巨变、海平面大幅度升降的时期基本上都是不同时的，我国的强构造变形作用首先就发生在印支中晚期（228~200 Ma）。

过去有不少学者认为三叠纪时期可以形成"山字形"构造。但是近百年来，国内地质工作者却始终没有找到"山字形"构造的三个近南北向的褶皱轴和脊柱，而且后来也认识到：上述"山字形"构造的许多段落都是在不同地质时期形成的，并非同时形成的。曾经还有不少学者认为此时期的板块拼合可能与地球自转速度的加快有关。然而，上述假说都因为缺乏事实依据而早已被否定。

近几十年来，在有了许多同位素测年数据后，对于曾经创导的"祁吕贺山字形构造"而言，祁连山的褶皱变形是寒武纪—早泥盆世（540~390 Ma）形成的，近东西向的秦岭-大别碰撞带的形成则是扬子板块向北运移、挤压而形成的，大约形成于250 Ma前后，吕梁山-太行山是在燕山期中、晚侏罗世（175~135 Ma）受太平洋板块朝北西西方向俯冲时所形成NNE向的褶皱构造系，而呈南北向展布的贺兰山则是在古近纪末期，也是受到太平洋板块向西俯冲，使中国大陆受到近东西向挤压、缩短时所派生的（形成时期约为53 Ma）。

显然，它们是在不同时期、在不同构造应力场的作用下而形成的，而不是在某一个构造应力场的作用下形成的"山字形"构造。对于我们的老前辈，在当时缺乏可靠的同位素地质年代资料的情况下，产生了一些不大正确的推断是完全可以理解的，显然不能苛求之。

总之，上述的大型"山字形"构造始终没有被众多学术界的学者们所承认和赞同。不过，笔者发现：在一些局部地区也还是可以存在一些小型的"山字形"构造的。例如，在北京西山的房山区猫儿山以西北的地区（由于该区地块在侏罗纪晚期朝西北方向运移、挤压作用下而形成的褶皱构造），以及福州市南郊就形成了小型的"山字形"构造（该地块在三叠纪南北向缩短时所造成的局部构造变形）。

我国在印支期的一系列构造变形（图 6-1），是受到自南向北的板块运移和挤压作用而形成的，此时期在华南和华北地区常形成轴向近东西的褶皱。此时西部地区的构造线以 WNW 向为主，东北地区则以 NEE 向为主。早年曾有不少学者都以为：此时期形成的构造都与地球自转速度变化有关。但是。正如石耀霖院士所计算，地球自转速度的变化只能产生很微弱的构造应力，影响大气环流和河流等流体的运移方向是完全可能的，但是要对固体地壳产生大幅度的位移则是完全不可能的。

近 40 亿年以来，陨石的不断撞击，使地球从开始存在以来的质量大约增加了 10^{19} t，即大约增加了地球质量的 1/600。据石耀霖（1995）的估计，38 亿年来地球上形成了大约有 20 万个直径在 20 km 以上的大陨击坑，它们几乎可以说是遍布全球的。在全球造成直径大于 1 000 km 的陨击坑估计就有近 200 个，至于小陨击坑更是不计其数。这是太阳系内的行星与小行星在穿越银道面时、在星际物质较密集的地段发生引力场的突变而使之失稳，从而使小行星改变运动方向，以致小行星极易向太阳西端内侧撞击火星、月球和地球，这是一种常见的现象。大陨石撞击地球、形成陨击坑后，对于区域岩浆活动、板块运动和内生金属成矿作用起到了非常重要的控制作用。受到陨击作用、不同的区域构造应力场的控制，成矿物质的富集通常不容易充满整个陨击坑的深部，常常仅局限在环形构造内的某个边部或局部断层内。

在印支期，古特提斯洋、亚洲大陆和全球绝大多数板块都在显著地向北运移，这可能是与在南极附近发生巨大陨石撞击作用所诱发的（2019 年，英国学者运用地球物理探测，已经在南极大陆冰盖之下发现了一个非常巨大的陨击坑，其直径达数百千米。他们的研究工作尚在进行之中）。该陨击事件很可能就是推动全球多数板块向北运移的主要动力来源。

扬子板块（YZ）的轴向近东西的褶皱主要形成于早中三叠世（240~230 Ma），秦岭-大别碰撞带及其以北地区的近东西向的褶皱变形主要形成于晚三叠世（228~200 Ma），西部地区的褶皱轴向则展现为 WNW 向，而华北地区近东西向的褶皱则基本上都形成于三叠纪的末期（约 200 Ma），东北地区的褶皱轴向则均为 NE 向，也是形成于三叠纪晚期的。上述强构造变形发生的时代差异变化，是构造应力作用逐渐向北传递和使板块向北运移并发生构造变形的表现，他们的形成都与古特提斯洋的逐渐向北扩张和板块的向北运移相关的，而不可能是微弱的地球自转速度变化所致。有不少学者将此时期形成的构造变形。称为"纬向构造"，也是不妥当的。

由于板块的动力作用来自南方，因而，笔者与同事们根据全国 111 个古构造应力值（即最大主应力值与最小主应力值的差值，在透射电子显微镜下观测、计算）的测定，各地区的构造应力值（即最大与最小主应力值的差值）表现在我国自南向北是逐渐减弱的，自 147 MPa 降到 100 MPa（万天丰，2011）。

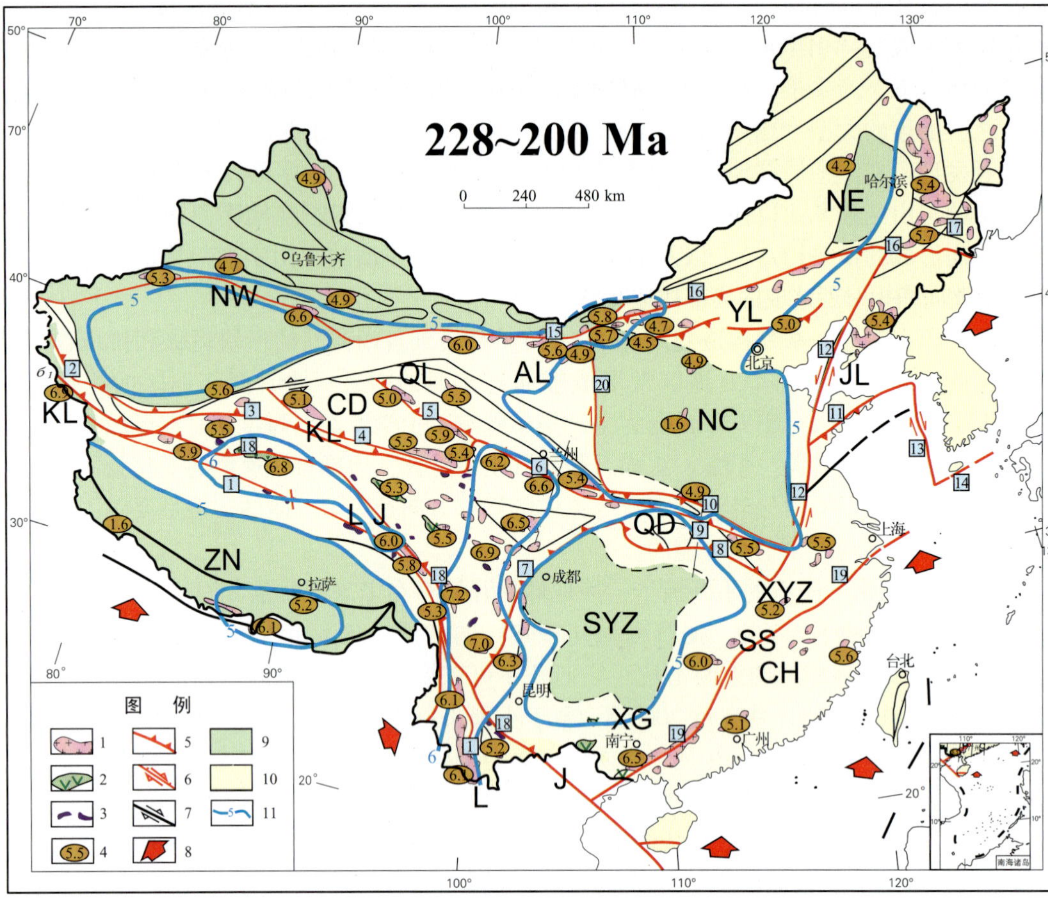

图 6-1　中国大陆印支晚期（228~200 Ma）构造略图

图例：1—印支期花岗质岩浆侵入岩体；2—印支期火山岩；3—印支期蛇绿岩与超铁镁质岩；4—板块碰撞带、逆断层带及其编号；5—正、走滑断层及其编号；6—印支期活动性微弱的地块边界或断层（无编号）；7—褶皱轴迹，仅示背斜[全部数据见万天丰（2011）附表3-4]；8—最大主压应力（σ_1）迹线；9—板块运动方向；10—平行不整合或整合地层接触关系分布区；11—角度不整合地层接触关系分布区。**构造单元**：AL—阿拉善弱变形区；CD—柴达木弱变形区；CH—华夏强变形区；J—金沙江碰撞带；JL—胶辽弱变形区；KL—昆仑强变形带；L—澜沧江碰撞带；NC—华北弱变形区；NE—东北弱变形区；NW—西北弱变形区；QD—秦岭-大别碰撞带；QL—祁连强变形区；SS—绍兴-十万大山碰撞带；SYZ—上扬子弱变形区；YL—燕辽弱变形区；XYZ—下扬子强变形区；XG—湘桂强变形区；ZN—藏南弱变形区（当时位于南半球）。**断层带名称及其编号**（蓝色小方框内）：1—空喀拉-双湖-澜沧江逆断层带；2—康西瓦-塔里木南缘逆断层带；3—昆仑南缘逆断层带；4—东昆仑中央逆断层带；5—宗务隆山-青海湖南缘（柴北缘）逆断层带；6—武山-宝鸡逆断层带；7—龙门山逆断层带；8—勉略-大巴山-房县-襄樊-广济（扬子板块北缘）逆断层带；9—商丹-桐柏断层带；10—洛南-方城（中朝板块之南缘）逆断层带；11—诸城-荣城逆断层带；12—郯城-庐江左行走滑断层带；13—黄海东缘右行走滑断层带；14—济州岛碰撞带；15—阿拉善北缘逆断层带；16—阴山北-西拉木伦（中朝板块北缘）逆断层带；17—敦化-密山左行走滑断层带；18—金沙江-红河逆断层带；19—十万大山-绍兴碰撞带（左行走滑-逆断层）；20—贺兰山-六盘山右行走滑断层带

二、燕山期构造演化（200~135 Ma）

"燕山运动"最早是由翁文灏（1927）提出来的，适用于中国大陆的地方性构造术语，

用来表述以侏罗纪为主发生的构造事件。后来丁文江（1929）、黄汲清（1960）、Huang（1945）、赵宗溥（1959）将此构造事件扩大为侏罗纪—白垩纪的构造事件，从此广为应用与流传。但是，许多地质工作者早就发现在中国东部以侏罗纪为主和以白垩纪为主的构造事件与岩浆活动是根本不同的。

侏罗纪 NE-NNE 向构造变形是受到日本以东的伊佐奈岐板块朝 WNW 向构造挤压应力为主，形成了 NE-NNE 向的褶皱系和逆断层带，WNW 向主要为带走滑的正断层，岩浆活动以钙碱性系列为主；而白垩纪 NE 向断裂构造则是以张性为主的，形成 NE-NNE 向正断层带，褶皱轴以 WNW 向为主，岩浆活动则以接近富碱的、酸性系列为特征。在我国区域地质调查中，许多区域地质工作者早就把早燕山期（相当于 200~135 Ma）与晚燕山期（135~56 Ma）分开。笔者认为恢复翁文灏（1927）原来的定义范围，即燕山期局限在 135 Ma 以前是比较妥当的，即把早侏罗世到早白垩世早期（200~135 Ma）的构造事件定义为燕山期，而把早白垩世中期到古新世的构造事件定义为四川期（135~56 Ma）。

与燕山构造期相当的典型地层，自下而上分别为：下侏罗统为八道湾阶，三工河阶，主要为煤系地层；中侏罗统西山窑阶，头屯河阶；上侏罗统土城子阶和大北沟阶，主要为陆相碎屑岩系；下白垩统底部的义县阶，主要为酸性火山岩系。

我国对于侏罗系与白垩系的界线，长期存在分歧意见。现在多数学者都基本上同意郝诒纯院士（1986）的意见，即将东方叶肢介（*Eosestheria*）定为上侏罗统，而将出现延吉叶肢介（*Yanjiestheria*），中村蚌（*Nakamuranaia*），介形类（*Cypridea*，*Darwinula*）和孢子（*Classopollis*）等占优势作为下白垩统生物群的典型特征。侏罗系与白垩系的接触关系在许多地区都表现为整合的连续沉积（李佩贤等，2000）。

在侏罗纪时期，中国和日本以东的古大洋是伊佐奈岐板块（注意：当时绝对不是太平洋板块），太平洋板块那时是在向澳大利亚板块俯冲的（图6-2）。从白垩纪开始，太平洋板块开始从南半球的澳大利亚东侧逐渐向北运移，从而使太平洋板块的西缘，在日本-琉球列岛东侧和台湾岛-菲律宾岛东侧形成一条近南北走向的巨大的左行走滑断层带。在古近纪以来，太平洋板块才转向亚洲大陆（日本与中国大陆）之下俯冲的。

从古生代直到三叠纪，中国大陆各地块的古磁北方向与现代的磁北方向均有较大的差异。中朝板块在三叠纪及其以前的时期，古磁北是以指向相当于现代磁方位的 NW319°~338°之间（方大钧等，1988；马醒华和杨振宇，1993；Huang et al.，1999）；晚三叠世，中朝板块的古磁北方位转成相当于现代磁方位的 NE30°；早侏罗世开始就转成与现代的磁北方位相当接近的位置，为 NE0.9°；中侏罗世为 NE3.6°（马醒华和杨振宇，1993）。从侏罗纪开始中国大陆大部分地区的古磁北就与现代的比较一致。从白垩纪到第四纪，中朝板块的古磁北方位变化较小，都在现代磁北的左右偏差 17°的范围内。而在侏罗纪以前，古磁北方向的变化较大 [万天丰（2011）附录 6；图 6-3]。只有晚侏罗世的古磁北，根据方大钧等（1988）的数据，定成 NE22.2°，可能其测试有一些误差。根据上述资料可以看出，侏罗纪时期，中朝板块发生了古磁北方位从 NE30°显著地转成与现代磁北比较接近的状态，即古地磁方位发生 20°~30°的逆时针转动（图 6-3）。

---

❶ 伊佐奈岐板块（Izanagi Plate），笔者 2002 年到日本进行地质考察时，才得知此板块是以古日本国的名称来命名的，到侏罗纪时期为止，伊佐奈岐板块一直是大洋型板块，古近纪以来才是太平洋板块向日本列岛之下俯冲。在侏罗纪时期太平洋板块，还处在南半球澳大利亚板块以东地区（Moore，1989）。

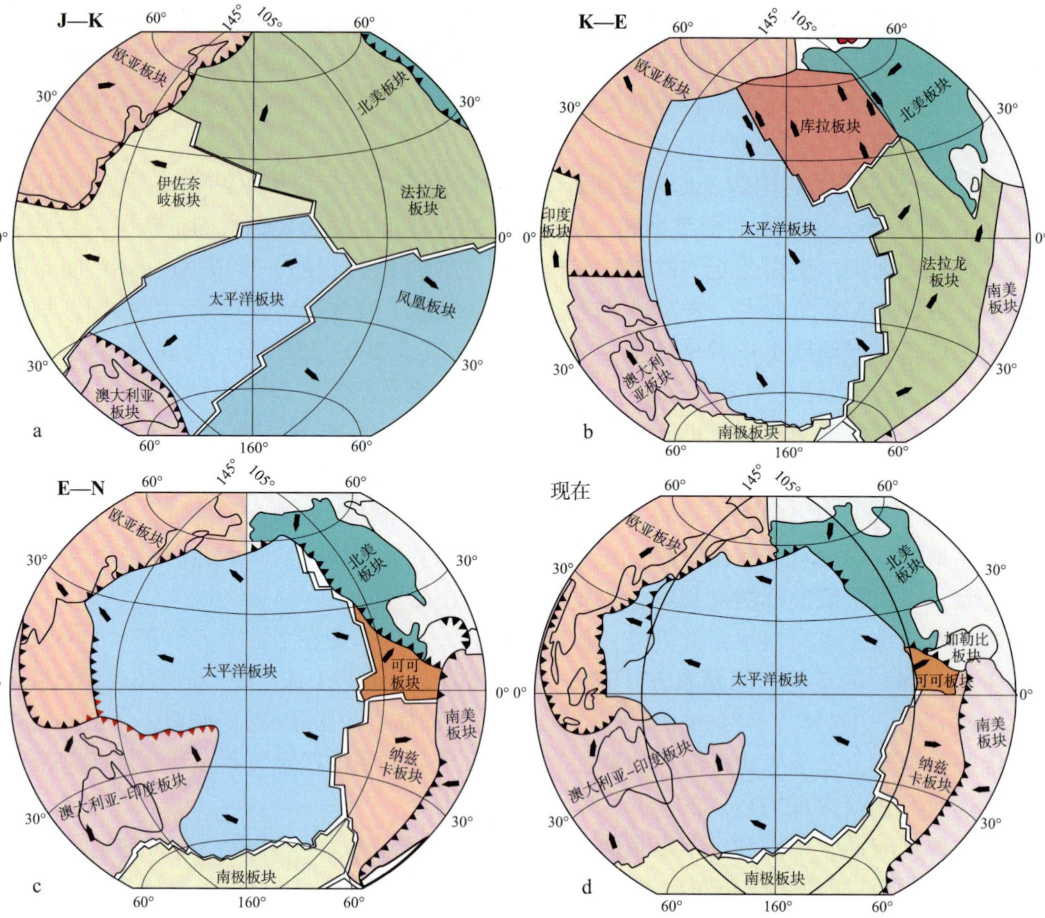

图 6-2 古太平洋地区的侏罗纪以来的古构造复原
(据 Moore, 1989)

朝鲜半岛南部也发生类似的逆时针转动 20°的现象（Kim and Van der Voo, 1990）。扬子板块在晚三叠世与中侏罗世之间，也存在逆时针转动约 20°的现象（梁其中, 1990；朱志文等, 1988; Enkin et al., 1992; Huang and Opdyke, 1993; 图 6-3）。西伯利亚地区晚三叠世与晚侏罗世之间，古磁北方位由 77.3°转成 41.1°，也发生了 36.2°的逆时针转动。中国大陆西部的准噶尔和塔里木地块则在侏罗纪出现明显地向南位移 5°~6°的现象。

中国大陆在侏罗纪时期发生显著的逆时针转动，看来是直接与北美板块阿拉斯加西端朝西和伊佐奈岐板块朝西北方向运移、俯冲和碰撞有关（Maruyama et al., 1986, 1997; Moore, 1989; 图 6-2 内之左上图, 图 6-3）。区域最大与最小构造应力的差值（据笔者的 70 个数据测定；万天丰, 2011），在中国东部地区可达 161.8~99.4 MPa, 而在西部地区则普遍低于 80 MPa, 构造应力的作用明显地表现为东强西弱的特征。

上述资料说明东亚大陆和中国多数地区在侏罗纪时期是古磁北方位基本摆正（与现代磁北方位几乎一致）的关键时刻，其他较小的地块因缺乏比较精确的古磁北方位数据，暂时还不好讨论。显然，这一逆时针转动，对于东亚和中国大陆燕山期板内变形的影响是至关重要的（图 6-4）。这是中国大陆板块的一个重要的特点，即在中朝和扬子、西域与其北的

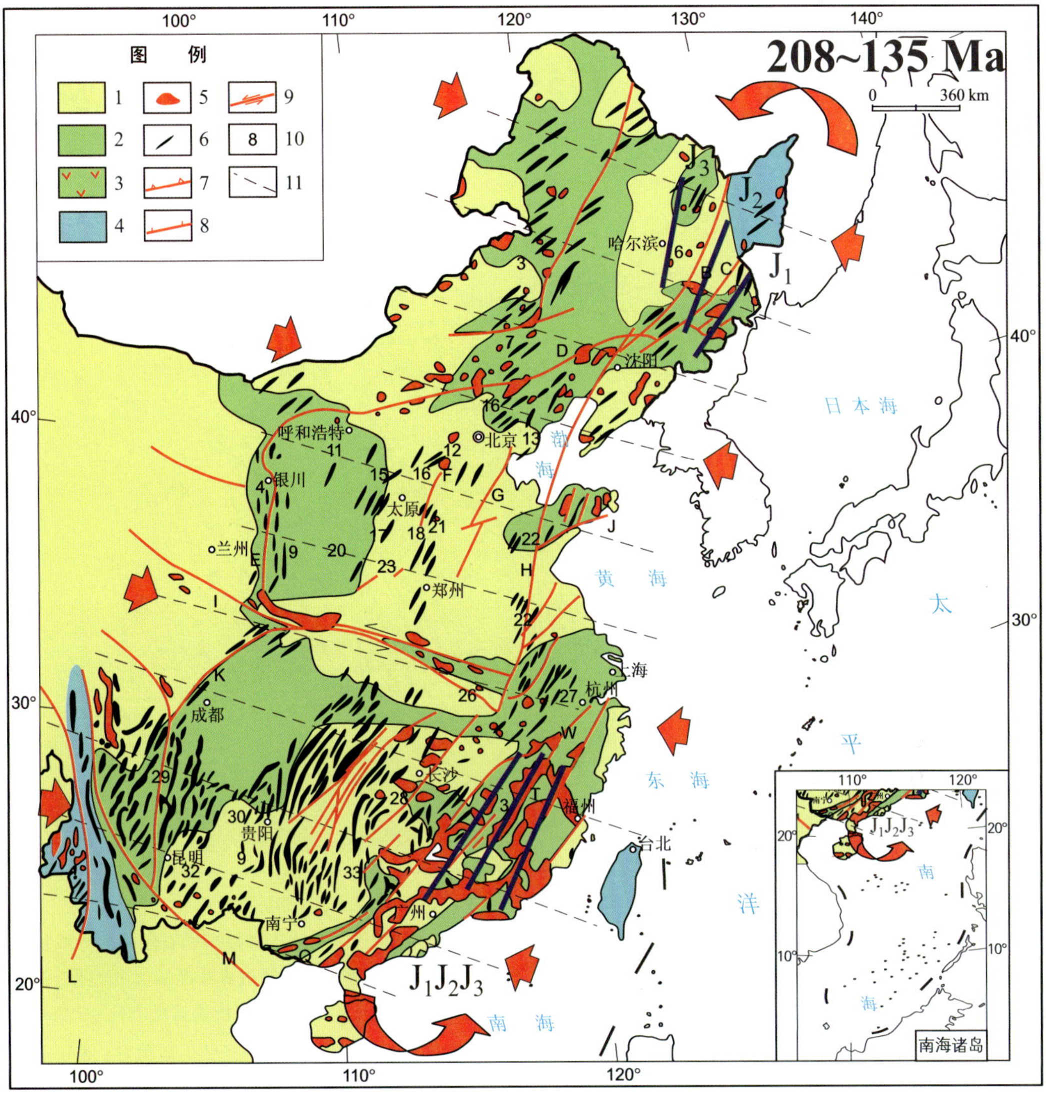

图 6-3 中国东部燕山期（208~135 Ma）构造岩浆带的转动和迁移

1—侏罗纪高地与剥蚀区；2—侏罗纪沉积区；3—侏罗纪火山岩分布区；4—侏罗纪浅海区；5—花岗岩类分布区；6—褶皱，仅示背斜；7—逆断层与逆掩断层；8—正断层；9—走滑断层；10—褶皱数据点编号；11—构造岩浆岩带的轴线。J_1—早侏罗世构造岩浆岩带；J_2—中侏罗世构造岩浆岩带；J_3—晚侏罗世构造岩浆岩带。大的红色弯箭头示岩浆岩带迁移方向；小红箭头展示区域最大主压应力方向

准噶尔、蒙古等陆块完成拼合后，仍可发生较大幅度的逆时针转动，并在中国东部地区形成许多 NNE 向的褶皱山系和逆断层，以及 WNW 向的张性正断层（图 6-4）。

三、四川期构造演化（135~56 Ma）

"四川运动"最早是由谭锡畴和李春昱（1948）和李春昱（1950）在研究四川西部的西康地质时提出来的。他们是最早强调这一时期构造变形特征的，认识到它与燕山期、喜马拉雅期构造是完全不同的。由于当时地层资料还不够完备，以为主要构造活动发生在白垩纪末

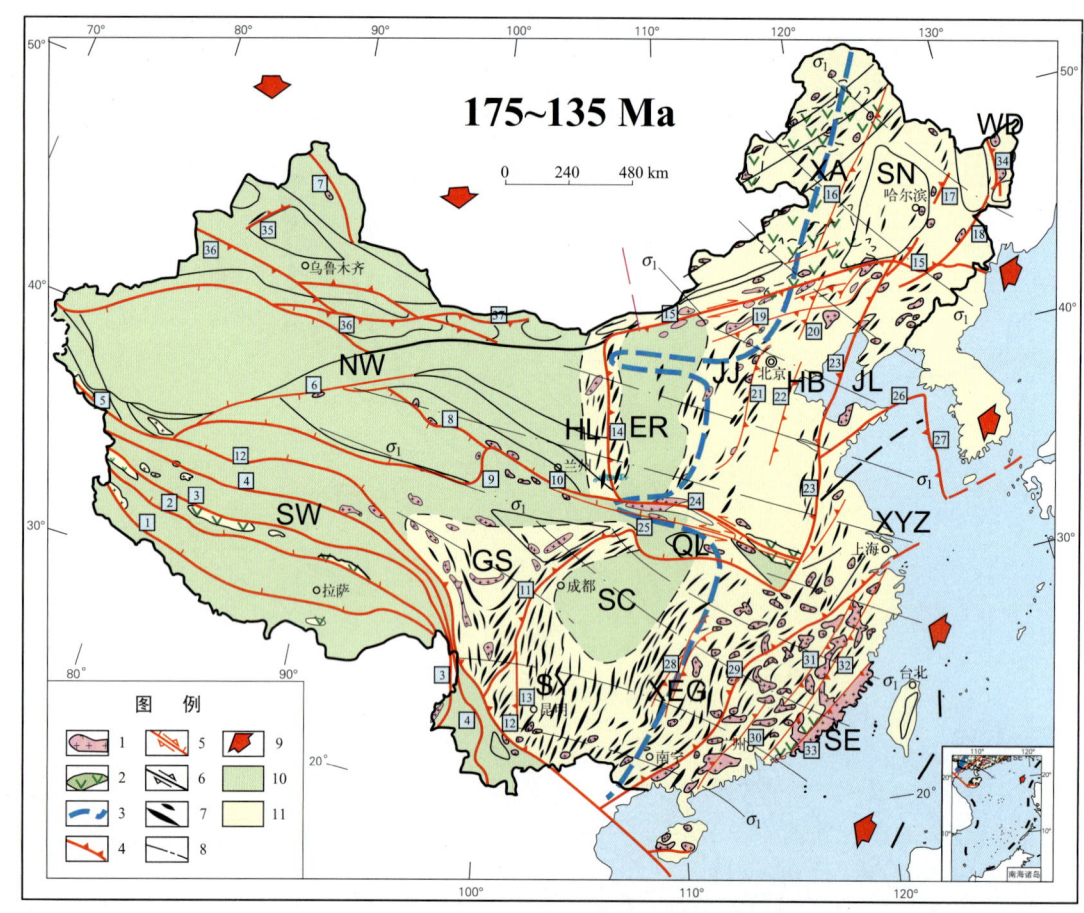

图 6-4 中国大陆燕山晚期（175～135 Ma）构造略图

图例：1—燕山期花岗质侵入岩体；2—燕山期火山岩；3—西部大陆型岩石圈与东部陆壳洋幔型岩石圈的分界线；4—板块碰撞带、逆断层带及其编号；5—正、走滑断层及其编号；6—燕山期活动性微弱的地块边界或断层（无编号）；7—褶皱轴迹，仅示背斜 [数据见万天丰（2011）附表 2-5]；8—最大主压应力（σ_1）迹线；9—板块运动方向；10—平行不整合或整合地层接触关系分布区；11—角度不整合地层接触关系分布区。**构造单元**：WD—完达山碰撞带；XA—兴安岭构造岩浆带；JJ—晋冀（燕山-太行山）强变形-构造岩浆区；JL—胶辽构造岩浆带；SE—东南沿海强变形-构造岩浆带；XYZ—下扬子强变形区；XEG—湘鄂桂强变形区；HL—贺兰山-六盘山强变形带；GS—甘孜-松潘强变形区；SY—川滇强变形区；SN—松嫩弱变形区；NW—西北微弱变形区；ER—鄂尔多斯弱变形区；HB—河北-环渤海弱变形区；SW—西南（藏滇）弱变形区；SC—上扬子弱变形区；QL—秦岭-大别弱变形区。**碰撞带、断层带名称及其编号**（蓝色小方框内）：1—雅鲁藏布江板块分界线（出露洋壳）；2—格吉-念青唐古拉断层；3—班公错-怒江板块分界线（出露洋壳）；4—空喀拉-温泉-澜沧江断层；5—康西瓦-塔里木南缘走滑断层带；6—阿尔金右行走滑断层带；7—库尔特-纳尔曼德逆-走滑断层带；8—宗务隆山-青海湖南缘走滑断层带；9—茶卡-温泉逆断层带；10—武山-宝鸡走滑断层带；11—龙门山逆断层带；12—金沙江-红河逆-左行走滑断层带；13—攀枝花-西昌逆-走滑断层带；14—六盘山-贺兰山（原中朝板块西缘）逆断层带；15—阴山北-西拉木伦（原中朝板块北缘）右行走滑断层带；16—大兴安岭东侧逆断层带；17—依兰-伊通逆断层带；18—敦化-密山逆断层带；19—尚义-古北口-平泉右行走滑-逆断层带；20—辽西逆断层带；21—太行山东侧逆断层带；22—沧东-聊城逆断层带；23—郯城-庐江逆断层带；24—宝鸡-洛南-方城左行走滑断层带；25—商丹左行走滑断层带；26—诸城-荣成右行走滑-逆断层带；27—黄海东缘逆断层带；28—雪峰山逆掩断层带；29—十万大山-绍兴逆断层；30—吴川-四会逆断层；31—崇安-河源逆断层带；32—丽水-莲花山逆断层带；33—长乐-南澳逆断层带；34—完达山碰撞带；35—克拉玛依隐伏逆断层（J_2-J_3）；36—博罗克努-阿其库都克（天山北缘）逆断层带；37—亚干北缘逆掩断层（J_1-J_2），中侏罗世以后转为伸展拆离断层期或在晚白垩世内。当时多数人都误以为侏罗纪与白垩纪是一个完整的构造演化阶段，把北北东向的侏罗纪挤压构造与白垩纪的近东西向的伸展构造当作一个完整的构造旋回（Huang，1945；黄汲清，1960；赵宗溥，1959）。

近60年来，区域地质调查和研究工作，早已发现中国大陆的多数地区白垩系与古近系为整合接触，不存在构造事件，四川期构造作用的高潮是发生在古新世末期或早始新世末期，相当华北地区沉积孔店组和沙河街组之间（按照旧的地层划分方案，为沙四段与沙三段之间），这个时期普遍存在明显的小角度不整合，均为伸展不整合。对于此角度不整合，唐智（1979）最早注意到，并指出此构造事件肯定不是喜马拉雅构造运动的产物，遂命名为华北运动第一幕。正如上一节已经提到的，万天丰和朱鸿（1989）在认识到以白垩纪为主的构造演化阶段的特征之后，根据优先命名的原则，建议恢复使用四川构造事件和四川期的术语（图6-5）。根据全国地层委员会（2004）关于地层年代的确定，四川构造期应该从早白垩世中期开始，延续到古新世末期，同位素年龄为135~56 Ma，这样划分可能比较妥当。

中国大陆四川期（以白垩纪为主；图6-5）的沉积，除了在塔里木西南部还有残留洋，藏南地区还有大洋的残余外，在大部分地区都以山麓、河湖相的红色碎屑岩系及火山岩系为主要特征的，反映了干旱炎热的大陆沉积环境，从而可形成石膏和岩盐矿床。只有东北、内蒙古和新疆等北部地区，处在温暖、潮湿的气候条件下，有可能形成大规模的有机质堆积。

对于中国大陆西北的大多数地区来说，四川期构造作用是相当不明显的，侏罗系、白垩系和古近系之间均表现为连续沉积，地层之间几乎都是整合接触。只是在一些断裂带附近才有明显的构造变形和沉积间断。

在四川期，由于主要受到印度洋-澳大利亚板块朝北北东方向运移、挤压作用的影响，几乎整个中国大陆都普遍受到朝NNE方向最大主压应力的作用，作用力显然是西南部较强，东北部较弱。根据笔者与同事们进行的古构造应力值的测定（万天丰，2011），在阿里—雅鲁藏布江带可达183.5 MPa，秦岭-大别山带为145 MPa，而华北和东北地区一般仅为100~80 MPa。上述数据表明，构造应力从西南向东北传递，其构造差应力值也是逐渐减小的。构造变形的特征为"西南强、东北弱"。此时期全国形成的褶皱轴向，均以WNW-ESE向为主。由于受到的作用力和岩性的不均匀，褶皱的轴向可以略有变化。

四、华北期构造演化（56~23 Ma）

唐智（1979）最早注意并指出，始新世—渐新世的构造事件肯定是不属于喜马拉雅构造事件的产物。在此之前，一般把整个新生代的构造事件都称为喜马拉雅构造运动（Huang，1945）。唐智把由孔店组和沙河街组之间的不整合面所代表的构造事件，命名为华北运动第一幕，而把渐新统和中新统之间的不整合，命名为华北运动第二幕，这两个不整合在大陆东部均以伸展不整合为特征。所谓的华北运动第一幕，如上一节所述，就是谭锡畴和李春昱（1948）和李春昱（1950）所命名的四川构造事件。华北运动第二幕，才是唐智（1979）最早提出来的。

为尊重前人的研究，笔者建议将古近纪的始新世—渐新世的构造阶段，称为华北构造期，其末期的构造事件就称为华北构造事件。这个时期就是华北很有名气的主要生油气层——沙河街组和东营组的沉积和油气聚集时期。

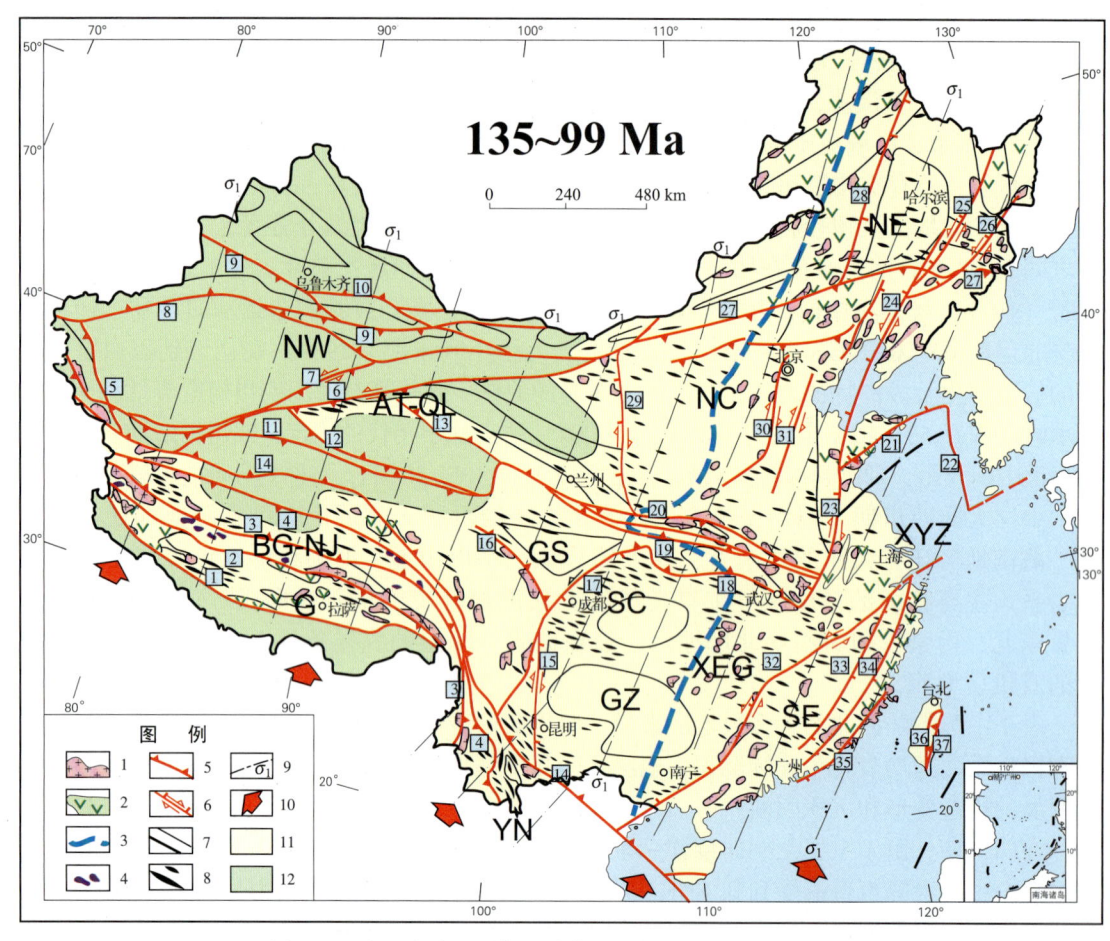

图 6-5 中国大陆四川期早中期（135~99 Ma）构造略图

图例：1—四川期花岗质侵入岩体；2—四川期火山岩；3—西部大陆型岩石圈与东部陆壳洋幔型岩石圈的分界线；4—四川期蛇绿岩与超铁镁质岩；5—板块碰撞带、逆断层带及其编号；6—正、走滑断层及其编号；7—四川期活动性微弱的地块边界断层（无编号）；8—褶皱轴迹，仅示背斜 [数据详见万天丰（2011）附录3-6]；9—最大主压应力（σ_1）迹线；10—板块运动方向；11—角度不整合地层接触关系分布区；12—平行不整合或整合地层接触关系分布区。**构造单元**：BG-NJ—班公错-怒江碰撞带；AT-QL—阿尔金-祁连强变形带；G—冈底斯强变形区；XEG—湘鄂桂强变形区；YN—云南强变形区；SC—川西强变形区及川东弱变形区；NE—东北强变形区；NW—西北弱变形区；NC—华北弱变形区；GS—甘孜-松潘弱变形区；XYZ—下扬子弱变形区；GZ—贵州弱变形区；SE—东南沿海弱变形区。**碰撞带、断层带名称及其编号**（蓝色小方框内）：1—雅鲁藏布江板块分界线（出露洋壳）；2—格吉-念青唐古拉逆断层；3—班公错-怒江板块碰撞带；4—空喀拉-温泉-澜沧江逆断层；5—康西瓦-塔里木南缘走滑-逆断层带；6—阿尔金左行走滑断层带；7—若羌-敦煌逆断层；8—库尔勒-乌恰逆掩断层带；9—尼勒克-伊林哈别尔尕逆断层带；10—博格达逆断层；11—东昆仑逆断层（即昆中断层）；12—昆北（柴达木南缘）逆断层；13—宗务隆山-青海湖南缘（柴达木北缘）逆断层带；14—金沙江-红河右行走滑-逆断层带；15—安宁河右行走滑-逆断层带；16—道孚-康定右行走滑-逆断层带；17—龙门山左行走滑-正断层带；18—大巴山南-房县-广济逆掩断层带；19—商丹-桐柏逆掩断层带；20—武山-宝鸡-洛南-方城逆断层带；21—诸城-荣成逆断层带；22—黄海东缘右行走滑断层带；23—郯城-庐江南段右行走滑-正断层带；24—郯城-庐江中段（辽河-四平）左行走滑-正断层带；25—依兰-伊通左行走滑-正断层带；26—敦化-密山左行走滑断层带；27—西拉木伦逆断层带；28—大兴安岭东侧右行走滑-正断层带；29—六盘山-贺兰山右行走滑-正断层带；30—太行山东侧右行走滑-正断层带；31—沧东右行走滑-正断层；32—十万大山-绍兴左行走滑-正断层；33—崇安-河源正断层；34—丽水-莲花山正断层；35—长乐-南澳正断层；36—寿丰断层；37—玉里带（左行走滑断层）

华北期的结束，即华北构造层顶部不整合面的形成时期，在全国各地是不大相同的。东海地区在渐新世中期，大陆东部地区为渐新世末期，而在云南和西藏地区则发生在中新世中期（万天丰，1992，1993）。它们都受到太平洋板块向西北西方向运移和俯冲作用逐渐变弱的影响（见图6-2之左下图）。华北期的构造变形（图6-6），在中国大陆的多数地区构造变形都相当微弱，所以过去通常不被人们所注意。其实此期的构造变形还是相当强的，只不过多数地区都被新生代松散沉积层所覆盖，不进行深部的石油地质勘探是很难发现的。

华北构造体系，包括发育了一系列NNE或N-S向的褶皱和逆断层带、NE向右行走滑断层、NW向左行走滑断层，以及WNW-E-W向的正断层带（图6-6）。华北期发育了一系列轴向NNE或N-S向的褶皱，此类褶皱在油气田勘探中一再被发现。例如大庆油田著名的长垣构造，下辽河-辽东湾、冀中及苏北-南黄海等地一系列NNE向的褶皱变形。此时期的构造变形显然是受太平洋板块向西挤压和俯冲（见图6-2之左下图）所派生的近南北向褶皱，因而其构造挤压作用的表现是东强西弱。此时期在湘鄂西部（图6-6之CD）、川西（图6-6之CX）和滇东（图6-6之YN）等地区也形成很多轴向NNE-NS的褶皱系，它们是太平洋板块（也包括菲律宾海板块）向西挤压、在大陆内部所派生的。总的来说，此时期的构造作用力都比较微弱，所以对早期形成的构造变形影响不太大，主要是使一些近期形成的强度较弱的沉积岩系形成一些褶皱变形。

五、喜马拉雅期构造演化（23～0.78 Ma）

在喜马拉雅期（23～0.78 Ma）受到印度板块继续向北运移和挤压作用（运移速度约为5～6 cm/a）的影响，中国大陆西部地区（主要为西藏、青海，滇西地区以及新疆）形成了较强烈的走向近东西的褶皱、逆断层等构造变形，还派生了大量的近南北向的断层及张节理系，并进一步隆升成山，形成喜马拉雅山脉，青藏高原，天山和滇西山脉等（图6-7）。此时称为"喜马拉雅构造期"是比较恰当的。

在印度洋东经90°以东海域，以及我国南北地震带以东地区，受到东印度洋和澳大利亚板块缓慢向北运移（约2 cm/a）不太强的构造作用影响，也产生了一些南北向缩短，并派生近东西向的伸展，使一些走向近南北向的断裂都发生张裂和位错，从而诱发深部玄武岩浆沿着近南北向断层向上运移和喷出地表。例如，在我国东部地区的兴安岭东侧，太行山东侧，郯城-庐江断裂带，闽中和闽东南沿海等断裂带附近就喷出了不少玄武质岩浆。

由于在此时期中国东部地区仅仅受到较弱的南北向挤压作用，广大沉积地层内，仅在局部地区，也即在断层附近发生一些微弱的轴向近东西的褶皱（例如，在华北油田附近，天津大港油田东部，山东济阳凹陷油田，鲁南，洞庭湖，鄱阳湖和苏北等地），不过上述构造变形都被其上部的第四纪松散沉积物所覆盖，一般在油田开发时才能发现。西藏和新疆地区深部大量的近南北向张剪性裂隙系也都是在此时形成的，它们十分有利于深部油气藏和地下热水系统的形成。

六、新构造期（自 0.78 Ma）及中国大陆岩石圈构造特征

最近78万年以来，在我国周边各板块运移和挤压的作用下，就形成了现代构造应力场（鄢家全等，1979），其最大主压应力方向在我国东北地区为NE-SE向，华北地区为NEE到

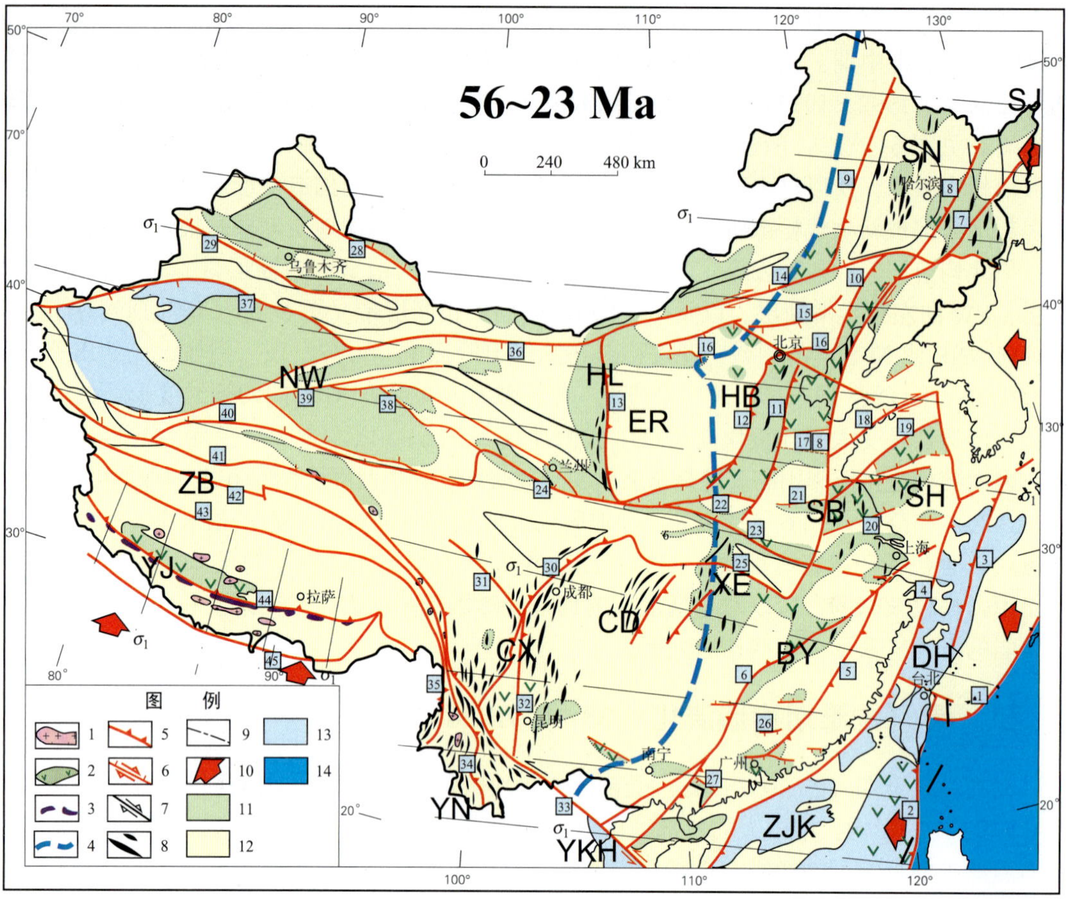

图 6-6 中国大陆华北期（56~23 Ma）构造略图

图例：1—华北期花岗质侵入岩体；2—华北期火山岩；3—华北期蛇绿岩与超铁镁质岩；4—西部大陆型岩石圈与东部陆壳洋幔型岩石圈的分界线；5—板块碰撞带、逆断层带及其编号；6—正、走滑断层及其编号；7—华北期活动性微弱的地块边界或断层（无编号）；8—褶皱轴迹，仅示背斜[数据详见万天丰（2011）附录3-7]；9—最大主压应力（σ_1）迹线；10—板块运动方向；11—陆相沉积区；12—陆地，剥蚀区；13—浅海区；14—大洋区。**构造单元**：YJ—雅鲁藏布江碰撞带；CX—川西强变形区；CD—川东强变形区；YN—云南强变形区；YKH—莺歌海强变形区；ZJK—珠江口强变形区；DH—东海强变形区；SN—松嫩强变形区；SJ—三江弱变形区；NW—西北弱变形区；HL—贺兰山－六盘山弱变形区；ER—鄂尔多斯弱变形区；HB—河北-环渤海弱变形区；SB—苏北弱变形区；SH—南黄海弱变形区；BY—鄱阳弱变形区；XE—湘鄂弱变形区；ZB—藏北弱变形区。**板块俯冲带、碰撞带、断层带名称及其编号**（蓝色小方框内）：1—冲绳俯冲带；2—台东-菲律宾西俯冲带；3—钓鱼岛隆褶带西侧逆断层；4—闽粤沿海（50 m等深线）逆断层；5—崇安-河源逆断层；6—十万大山-绍兴逆断层；7—敦化-密山右行走滑-逆断层带；8—郯城-庐江北段（依兰-伊通）右行走滑-逆断层带；9—大兴安岭东侧逆断层带；10—北票-建昌逆断层带；11—沧东逆断层；12—太行山东侧逆断层带；13—六盘山-贺兰山逆断层带；14—西拉木伦右行走滑-正断层带；15—集宁-古北口正断层带；16—阴山-大青山-燕山南缘正断层；17—广饶-济阳正断层；18—诸城-荣城右行走滑-正断层；19—灌云-南黄海右行走滑-正断层；20—江都-海安右行走滑-正断层；21—五河-怀远正断层；22—洛宁-洛阳正断层；23—洛南-方城左行走滑-正断层；24—宝鸡-天水正断层带；25—房县-襄樊-广济正断层带；26—南岭东西向正断层组；27—茂名地堑带；28—德尔布干-克拉麦里正断层带；29—尼勒克-土哈南缘正断层；30—龙门山右行走滑-逆断层；31—道孚-康定左行走滑断层；32—安宁河逆断层；33—红河左行走滑断层；34—澜沧江逆断层；35—怒江逆断层；36—阿拉善北缘正断层；37—库尔勒-乌恰正断层；38—宗务隆山-青海湖南缘（柴达木北缘）正断层；39—阿尔金右行走滑-正断层；40—昆北（柴达木南缘）正断层；41—金沙江左行走滑断层；42—空喀拉-唐古拉温泉正断层；43—班公错-东巧正断层；44—雅鲁藏布江碰撞带；45—喜马拉雅南缘残余大洋

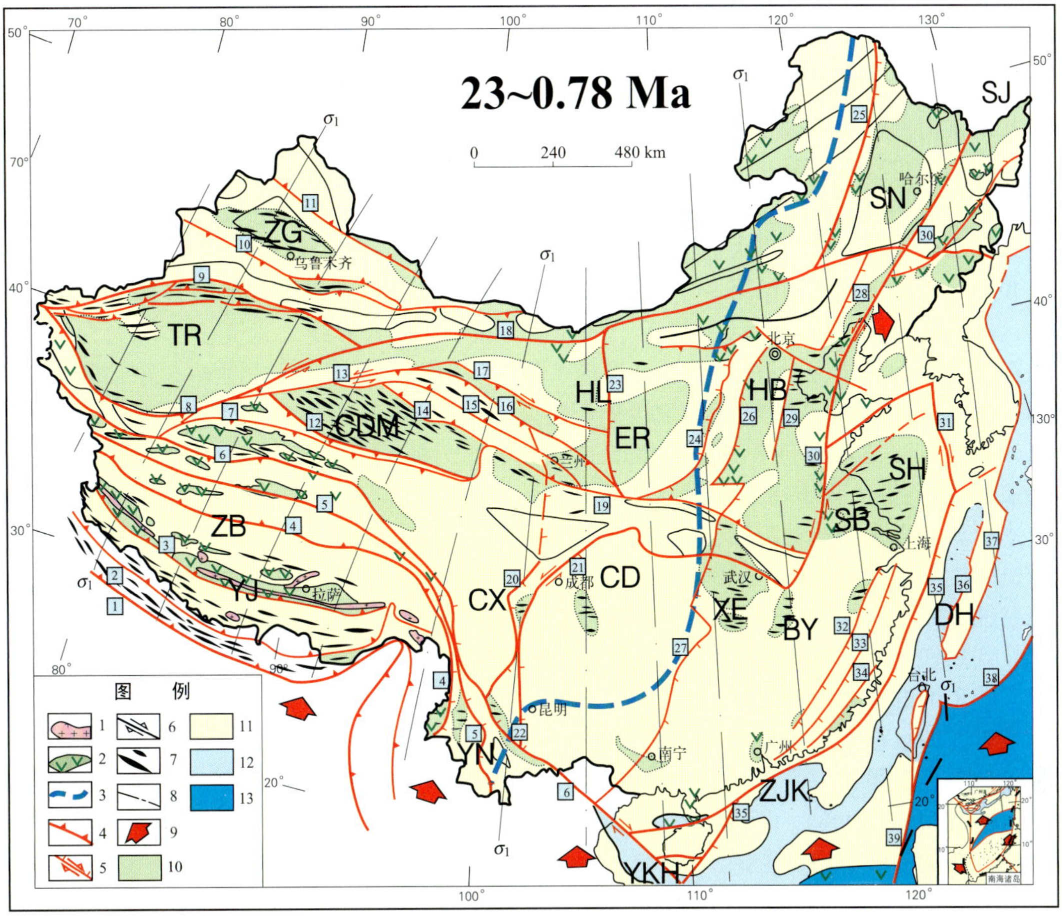

图 6-7 中国大陆喜马拉雅期（23~0.78 Ma）构造略图

图例：1—喜马拉雅期花岗质侵入岩体；2—喜马拉雅期火山岩；3—西部大陆型岩石圈与东部陆壳洋幔型岩石圈的分界线；4—板块碰撞带、逆断层带及其编号；5—正、走滑断层及其编号；6—喜马拉雅期活动性微弱的地块边界或断层（无编号）；7—褶皱轴迹，仅示背斜［数据万天丰（2011）附表3-8］；8—最大主压应力（σ_1）迹线；9—板块运动方向；10—陆相沉积区；11—陆地，剥蚀区；12—浅海区；13—大洋区。**构造单元**：YJ—雅鲁藏布江强变形区；TR—塔里木南北侧强变形区；CDM—柴达木强变形区；YN—云南强变形区；ZG—准噶尔南侧强变形区；ZB—藏北弱变形区；CX—川西弱变形区；CD—川东弱变形区；HL—贺兰山-六盘山弱变形区；ER—鄂尔多斯极弱变形区；HB—河北-环渤海弱变形区；SB—苏北弱变形区；SH—南黄海弱变形区；DH—东海弱变形区；XE—湘鄂弱变形区；BY—鄱阳弱变形区；ZJK—珠江口弱变形区；YKH—莺歌海弱变形区；SN—松嫩弱变形区；SJ—三江弱变形区。**板块俯冲带、碰撞带、断层带名称及其编号**（蓝色小方框内）：1—喜马拉雅主边界逆掩断层带（MBT，印度与欧亚板块分界线）；2—喜马拉雅主中央逆掩断层带（MCT）；3—雅鲁藏布江逆掩断层带；4—班公错-东巧逆掩断层；5—空喀拉-唐古拉温泉逆断层；6—金沙江-红河逆断层带（红河段具右行走滑）；7—昆仑山逆断层带（即昆中断层带）；8—康西瓦-若羌-敦煌走滑-逆断层；9—库尔勒-乌恰逆掩断层带；10—尼勒克-伊林哈别尔尕-亚干逆断层；11—德尔布干-克拉斯麦里逆断层带；12—柴达木南缘逆断层；13—阿尔金左行走滑断层带；14—宗务隆山-青海湖南缘（柴达木北缘）逆断层；15—中祁连南缘逆掩断层；16—北祁连北缘逆掩断层；17—龙首山逆断层；18—阿拉善北缘逆断层；19—武山-宝鸡-洛南-方城逆断层带；20—大雪山东缘正断层；21—龙门山左行走滑断层带；22—小江右行走滑-正断层；23—六盘山-贺兰山正断层带；24—汾河地堑带；25—大兴安岭东侧正断层带；26—太行山东侧正断层（犁式）；27—武陵山-大明山正断层；28—北票-建昌正断层；29—沧东正断层；30—郯城-庐江左行走滑-正断层带；31—黄海东缘右行走滑断层；32—崇安-河源正断层；33—丽水-莲花山正断层；34—长乐-南澳-香港正断层；35—闽粤沿海正断层；36—钓鱼岛隆褶带西侧正断层；37—钓鱼岛隆褶带东侧正断层；38—冲绳俯冲带；39—菲律宾西-台东纵谷左行走滑断层带近东西向，华南则为 NW-SE 向，而中国西部地区则仍以近南北向为主（图 6-8）。控制中国现代地震的构造断裂大多沿着现代的最大主压应力方向而形成的，即在我国东北地区的现代地震常沿 NE 方向的断裂发生，华北则沿 NEE 方向断裂，山东-河南一带常沿近东西向断裂，华南常沿 NW 向断裂（江西地区由于中地壳附近有大量中生代花岗岩侵入，使断裂被愈合，因而很少发生地震），我国西部地区则主要沿着近南北向的断裂发生地震，当然也可发生在其附近的分支断层上。上述研究成果在研究现代地震、进行地震预报、开发深部油气田及地热田时，是值得特别关注的。

根据地球物理探测的结果，中国大陆的布格重力异常梯度带以东地区（图 6-8）即东部地区内的重力梯度带，大体上接近于地壳深部的洋-陆分界线（地壳上部均为大陆型地壳，而下部则为大洋型岩石圈地幔），形成了陆壳-洋幔型的岩石圈（图 6-8 东部陆地之浅绿与浅海的浅蓝色区）；中部地区为接近于陆壳-洋幔型岩石圈与大陆型岩石圈的过渡区与分界线（图 6-8 之浅黄色区）；西南部几乎圈闭的重力梯度带界线，即指示了青藏高原的增厚型-大陆岩石圈（图 6-8 之棕色区；万天丰，2011）。

中更新世以来的活动断层，在全国分布十分广泛。由于构造作用较弱，它们大部分是在老断层基础上重新活动的，但活动方式与老断裂经常不同。例如，广东的雷琼地区火山群及其控制性活断层，火山口受近东西向活断层所控制，火山活动主要发生在 7.5 Ma 以来，一直延续到现代（陈文寄等，1992），该区至今仍受到近东西向缩短和近南北向伸展作用的控制。大陆东部的郯庐断裂带 F1 活动断层在现代变成右行走滑-逆断层。这与新近纪—早更新世及以前的运移方式（左行走滑-正断层）完全不同。晚更新世以来，郯庐断裂带 F1 活动断层的垂直断距为大于 2~3 m，右行走滑断距为 100~200 m（图 6-8 之东部；Wan et al.，1996；Lin et al.，1998）。黑龙江省中更新世—全新世的五大连池火山口中心排列方向与其控制性活断层的展布均为走向 NE45°，为张性断裂，说明该处中更新世以来一直受到 NE-SW 方向的缩短作用的影响（图 6-8 之东北部；黑龙江省地质矿产局，1993）。

西部地区地震断层的活动性比较强烈。新疆北部的 NNW 向的富蕴地震断层，1931 年 8 级大地震，形成了长达 180 km 的断层，在近南北向缩短作用的影响下，最大右行走滑断距达 14 m（新疆维吾尔自治区地震局，1985）。青藏高原北部前缘断层的东北段，走向 290°的宁夏海原活动断层为左行走滑-逆断层，在 NE-SW 向缩短作用的控制下，晚更新世以来最大左行走滑断距量达 600 m（邓起东等，1987）。青藏高原北部的青海东昆仑走向近东西的断层，晚更新世以来的左行水平滑移断距在 1 000~1 500 m，水平滑移速率为 10~15 mm/a，垂直滑移速率仅为 1 mm/a（任金卫等，1999）。青藏高原浅层构造变形的东南侧，云南丽江-保山附近第四纪活动断层使得新近纪夷平面被切断 1 000~800 m 左右，其北部（香格里拉）垂直断距可达 2 000 余米，南部（梁河）断距仅为 300 m，该地区中更新世以来普遍具有大于 1 km 的左行走滑断距（何科昭等，2001）。

总之，在现代我国各地区，沿着最大主压应力方向是最容易使该区的先存断层发生张裂的，从而诱发大地震，这一点是很值得重视。

由于中国西部地区受到现代印度板块的持续向北运移和挤压，因而在青藏和新疆地区深部普遍发育近南北向的张性节理群，成为在地下深处聚集油气资源或地下水的十分有利的部位。

中国东部海域的重力梯度带变化与岩石圈深部的洋-陆分界线（图 6-8 东南之绿色粗虚线）两者相当接近，图 6-8 中部的大陆布格重力异常梯度带，很接近于东部陆壳-洋幔型岩石圈与西部大陆型岩石圈的分界线（图 6-8 之 3；注意：中国东部大陆地区在地表附近均为陆壳，而其深部则为太平洋的壳幔俯冲在大陆岩石圈之下）。我国西南部几乎圈闭的重力梯度带（图6-8之绿色粗虚线）指示中国西南部青藏高原增厚型的大陆岩石圈（图6-8之3）的分布范围（万天丰，2011）。显然，上述地球物理深部探测的分界线与地表地形变化的界线吻合得相当之好。中国大陆东部陆壳洋幔型岩石圈的特征与西欧阿尔卑斯深部的陆壳洋幔型结构十分相似，这是大洋地幔板块俯冲到大陆地壳之下的一种特殊的岩石圈结构。

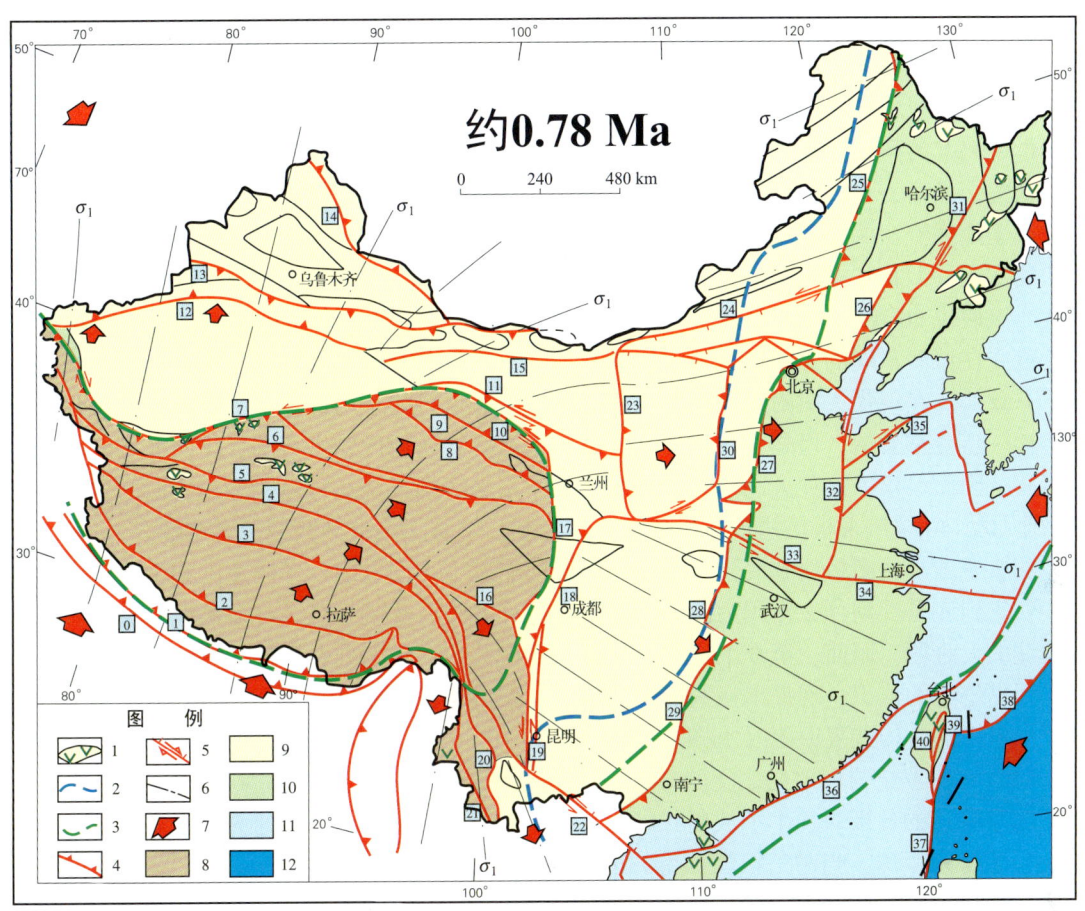

图6-8　中国大陆新构造期（约0.78 Ma）构造略图

图例：1—新构造期火山岩；2—西部大陆型岩石圈与东部陆壳洋幔型岩石圈的分界线；3—布格重力异常梯度带；4—现代板块边缘或大型活动逆断层及其编号；5—活动的走滑断层或正断层及其编号；6—最大主压应力（σ_1）迹线（据地震断层面解资料）；7—板块的运移、挤压方向；8—青藏高原，平均海拔4 000 m；9—内蒙古-黄土-云贵高原，平均海拔2 000 m；10—东部低山、丘陵与平原，海拔在1 000～0 m；11—浅海区；12—大洋区。**板块俯冲带、碰撞带、断层带编号**：0—喜马拉雅前缘逆掩断层带（MBT）；1—喜马拉雅主中央逆掩断层带（MCT）；2—雅鲁藏布江逆掩断层带；3—班公错-东巧逆断层；4—空喀拉-唐古拉温泉逆断层；5—若拉岗日-金沙江逆断层带；6—康西瓦-昆仑山逆断层带；7—塔里木南缘（克孜勒陶-库牙克-阿尔金山）逆断层；8—宗务隆山-青海湖南缘（柴达木北缘）逆断层；9—中祁连南缘逆断层；10—北祁连北缘逆掩断层；11—龙首山逆断层；12—库尔勒-乌恰逆掩断层带；13—伊林哈别尔尕-亚干逆断层；14—额尔齐斯-克拉麦里逆断层带；15—阿拉善北缘逆断层带；16—义敦-理塘逆断层带；17—大雪山东缘逆断层；18—夹金山逆断层；19—小江左行走滑-正断层；20—澜沧江正断层带；21—潞西-孟连正断层；22—红河左行走滑断层；23—六盘山-贺兰山逆断层带；24—西拉木伦河左行走滑-正断层；25—大兴安岭东侧逆断层带；26—北票-建昌逆断层；27—太行山东侧逆断层（犁式）；28—伏牛山-武陵山山前逆断层；29—雪峰山-大明山逆断层；30—汾渭断层带（南段为右行走滑）；31—依兰-伊通右行走滑-逆断层；32—郯城-庐江右行走滑-逆断层；33—宝鸡-渭南-方城左行走滑-正断层带；34—繁昌-宁波隐伏活动正断层带；35—诸城-荣城左行走滑-正断层；36—闽粤沿海逆断层；37—菲律宾西-台东左行走滑断层带；38—冲绳俯冲带；39—台东纵谷（左行走滑）；40—玉山西缘逆断层

第七章　中生代以来的陨击事件与全球板块的运移

　　中国大陆板块的运移、汇聚、定型，是全球岩石圈板块的运移的一个局部现象。在板块构造学说兴起的早期，许多学者曾经一直认为：岩石圈板块都是由地幔流变或大洋中脊扩张所推动的。然而，正如前面 Bott 教授与 Kuznir（1984，1991）所论断的：板块运移速度都显著地大于地幔流变的速度。因而，应用"低速流变的地幔来带动岩石圈板块的多种方向的、较快速度运移"假说是难以自圆其说，以此来解释板块运移的动力学机制显然是不正确的。其实，该假说 20 年前就早已破产。大洋中脊的低速扩张更是完全不可能带动全球板块以较快速度并在截然不同的方向上运移，再说绝大多数岩石圈板块运移的方向也都与大洋扩张方向不一致的。在现代火山附近的热胀冷缩现象，当然也可能在局部地区影响板块的扩张和运移，这一点也都公认，但是全球绝大多数没有火山活动的地区，岩石圈板块照样可以较快速地运移。因而仅仅以这种火山活动与热胀冷缩作用来解释板块运移是完全说不通的。这个问题就是最近 40 多年来板块构造学说的动力学机制，一直无法自圆其说的大难题。

　　那么全球岩石圈板块到底为什么在不同时期能发生不同方向、不同速度和不同样式的运移呢？它到底是受到什么作用力的推动而发生运移的呢？这就是当今许多大地构造学者所密切关注的大难题。因而，至今上述的讨论尚未取得共识，仍旧处在争论不休的状态之中。

　　根据笔者的认识，现提出一些证据和看法，仅供探讨。依据古太平洋附近地区和南半球侏罗纪以来的古构造复原图（见图 6-2a；据 Moore，1989）可以看出：

　　（1）在侏罗纪与白垩纪之交的时期（约 145 Ma 前），古大洋地区（大致接近于现代太平洋的范围）的各板块发生了放射状的运移模式：见图 6-2a 左下角的太平洋板块（Pacific Plate）位于南半球，当时是在朝西南方向的澳大利亚板块俯冲运移的；左上角的伊佐奈岐板块（Izanagi Plate）朝西北方向的欧亚板块俯冲运移；法拉龙板块（Farallon Plate）向东北方向的北美板块俯冲运移；而凤凰板块（Phoenix Plate）则朝东南方向的南美板块俯冲运移。上述事实可解释为：在古太平洋中部由于受到巨大陨石以几乎垂直的方向撞击大洋中部，从而使古太平洋板块向四周呈放射状的张裂和运移。过去曾有人推测：这也许可能是地幔柱的垂直上顶作用所致，但是至今深部地球物理的探测，在太平洋中部地幔的深处却始终未能找到存在任何地幔柱的证据。

　　（2）白垩纪中期（100 Ma 前）是全球地磁场的静默时期，出现古地磁场南北极的翻转现象，全球海平面和气候也都发生了剧烈的变化，形成了全球性的海洋缺氧事件（OAE），大量海洋生物灭绝，以致在海域广泛地赋存了烃源岩（即石油与天然气的母岩，此时就是全球油气资源聚集的主要时期）。在那个阶段，全球的大陆与大洋板块都在向北运移（见图 6-2b，图 7-1），冈瓦纳大陆则仍处在离散状态之中。全球绝大多数板块都在向北运移，这就意味着全球板块的扩张中心应该在南极附近，很可能就在南极冰盖之下。近年来，英国地质调查所运用地球物理探测，在南极冰盖之下已经发现了一个非常巨大的陨击坑（其直径达到100多千米),以此来解释全球板块都向北运移,是比较合理的。对于此重要的地质现象目前正在进一步探索与研究之中。

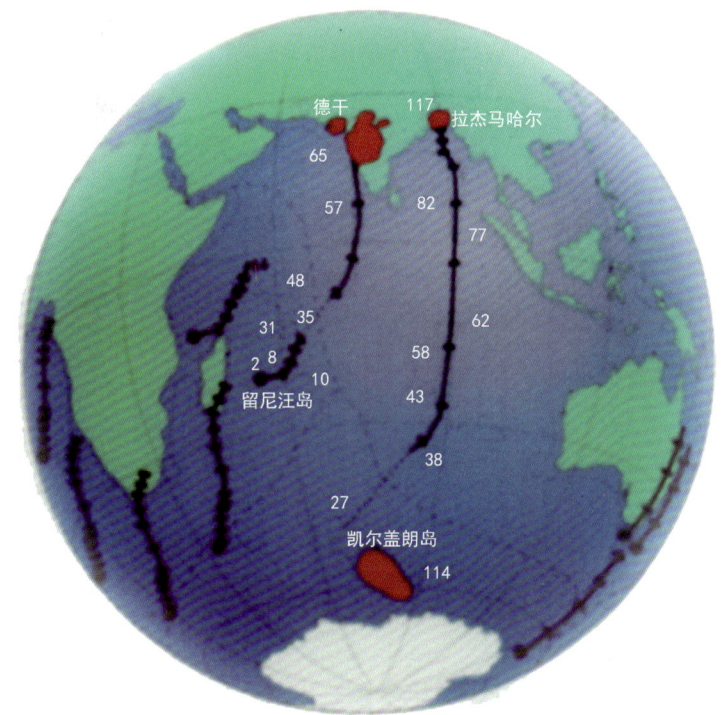

图7-1　美国深海钻探与大洋钻探(DSDP and ODP)科学计划的研究成果

图中黑色圆点为在南半球印度洋和大西洋所测得的许多热点(Hot spot)。图内数字均为大洋板块表层玄武岩的同位素年龄数据(单位为Ma)。洋底较老的玄武岩现在已经向北运移到印度半岛,而较年轻的玄武岩则仍处在印度洋的南端,根据板块热点之上的迁移轨迹,可以清晰地看到,南半球所有的板块在最近1亿多年以来一直都在向北运移了数千千米,越过了赤道线

(3) 在白垩纪晚期(约66 Ma前;见图6-2b)全球发生大幅度的海平面升降变化、气候巨变和生物灭绝等重大灾变事件,而在此时全球几乎所有板块仍旧在不断地向北运移(图7-1,图6-2b),显然它们的动力来源也还是来自南极洲地区。此种现象很可能还是英国地质调查局近些年来正在研究的:在南极大陆冰盖之下存在一个非常巨大的陨石撞击坑(直径达数百千米)的影响使板块向四周扩张,从而使得地球上几乎所有板块都在继续向北运移。

当然,美国学者曾经在墨西哥湾的海域内,发现了白垩纪晚期形成的一个较大陨击坑,但是至今未发现该陨击坑对南、北美洲岩石圈板块的运移有何影响,很可能是因为该陨石撞击在墨西哥海湾的水域上,因而对于岩石圈板块破坏和运移作用的影响都不太大。但是,对于气候影响还是很大的,因而对于生物群,尤其是对恐龙的生存影响极大,以致造成全球恐龙等生物的灭绝。

(4) 太平洋北部地区的板块,在90~36 Ma时期都一直在朝北北西方向运移的(速度为7.1 cm/a;图7-2之蓝色线段)。但是,到始新世晚期(36 Ma)在中途岛附近,太平洋板块却从原来的朝NNW向运移(原来板块运移速度为7.1 cm/a,图7-2之蓝色线段),在

36 Ma 前却突然转变为 WSW 向，其运移速度也增加到 10.6 cm/a（图 7-2 之黄色线段）。

根据 Glass（1982）的研究，在 36 Ma 前的时期，发生此突变事件的原因是：此板块运移方向的突变是与从北美洲加利福尼亚到东南亚的微玻璃陨石带的低角度斜向撞击作用有关（图 7-2 之 WSW 向的红色线段，以及图 7-3 中 B），使得由于原来向 NNW 向运移的动力与微玻璃陨石撞击作用（朝南西西方向）所产生的合力，这样就使得太平洋板块运移方向和夏威夷群岛的排列方向转变为朝 WNW 向运移（图 7-2 之黄色线段），其板块运移速度也转变为 10.6 cm/a。

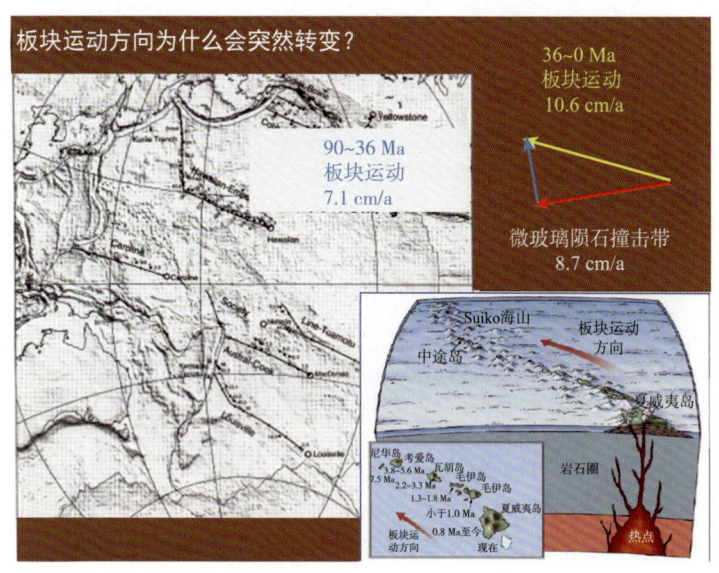

图 7-2　始新世晚期（36 Ma）太平洋板块运移图
（据尹延鸿和万天丰，1996；原始资料据 Glass，1982）

始新世晚期（36 Ma）太平洋板块突然从 NNW 向运移（蓝色箭头）转变为朝 WNW 方向运移（黄色箭头），这是由于该地区与 WSW 向微玻璃陨石带（红色箭头）斜向俯冲、撞击的合力所造成的

（5）在古近纪与新近纪之交（约 23 Ma 前，图 7-3 中 B 区），微玻璃陨石分布在太平洋底 400 多米之下的沉积地层中，呈 WSW 方向的带状展布，撞击中心也位于东太平洋洋脊-加利福尼亚西侧附近，其陨击中心正好位于东太平洋洋脊的三联点，其陨击物的总质量达到 $(1\sim10)\times10^9$ t，陨星的直径估计在 $0.9\sim2.5$ km 之间，与此同时，在太平洋地区还发生古生物种群的灭绝，出现沉积地层的间断和界线地层元素地球化学特征的巨变，对于海洋来说，这是一个从"温室"走向"冰室"的转折时期。

（6）早更新世与中更新世之交（约 0.78 Ma）时期，板块运动的机制（图 7-3 中 A 区）。在早更新世与中更新世之交的亚澳微玻璃陨石撞击事件，粒径小于 1 mm 的微玻璃陨石埋藏在印度洋、东南亚和澳大利亚附近的洋底之下不足 10 m 深的层位，在一个近似椭圆形的范围内，其覆盖的面积接近地球表面积的 1/10，用 K-Ar 和裂变径迹法测得的年龄在 90 万～70 万年之间，推测可能是两次陨击作用的结果，其陨石的总质量估计可达 1×10^8 t 左右，其撞击的中心地区大致就是造成印度洋板块西部的板块三联点（图 7-3 中 A 区），从而使非洲和澳大利亚大陆之间以及印度和南极大陆之间进一步张裂和离散。此撞击事件也使印度板块进一步向北运移，增强了印度与欧亚大陆板块之间的碰撞作用，使青藏高原的地壳累计发生了近 40 km 的缩短和进一步的隆升,也造成了我国大陆的许多地区出现了早更新世与中更新世地层之间的角度不整合。当然,此时期在亚洲南部地区也发现了不少微玻璃陨石的散落物。

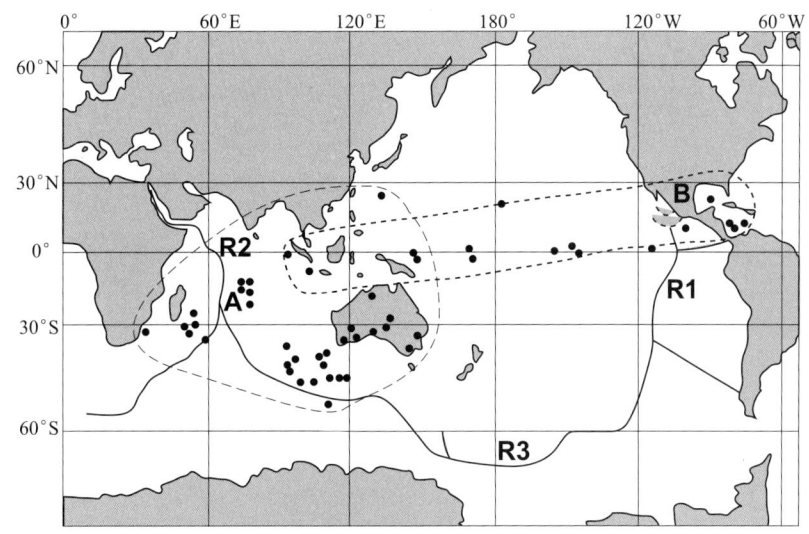

图 7-3 加勒比-东南亚和亚澳微玻璃陨石的分布
(据 Glass,1982)

A—亚澳早更新世末期(约 78 Ma 前)微玻璃陨石散落区;B—加勒比-东南亚渐新世晚期(约 23 Ma 前)微玻璃陨石散落区。弧形点线为北美加利福尼亚西侧的洋底弧形断裂,圆弧中心即为巨大陨石撞击的地点。R1—东太平洋洋脊;R2—印度洋洋脊;R3—环南极洲洋脊。小黑圆点均为美国深海钻探计划(DSDP)钻孔取样的位置

早更新世与中更新世之交的陨击作用对于全球板块运移的影响,总的来说是不太大的。欧亚、澳大利亚、非洲和美洲等板块都处在缓慢地(2~5 cm/a)向北运移。而太平洋板块则继续以每年平均 10 cm 的速度朝 WNW 方向运移,菲律宾海板块在向 NW 方向运移的同时,还派生了 NNE-SSW 方向伸展。另外,此时期大西洋地区则仍以 1~2 cm/a 的速度在东西方向上扩展,显然那里完全没有受到亚澳微玻璃陨石撞击事件的任何影响。

综上所述,正如 Rampino 和 Stothers(1984)所述:从现有资料来看,中生代以来,大致每隔 33 Ma,每当太阳系穿越星际物质较密集的银道面时,引力场就会发生巨变,小行星极易失稳,以致部分小行星就向其运行轨道内侧的火星、地球与月球撞击,使之形成许多巨大的陨击坑,从而对于地球表层岩石圈板块产生了截然不同的运移模式(巨大的陨石高角度撞击地球时,可使地球表层板块发生放射状的张裂和运移;低角度撞击地表时则可诱使岩石圈板块主要沿着单方向运移)。

从现有资料来看,用随机分布的、造成不同方向、不同角度、不同地点巨大陨石撞击作用来解释岩石圈板块运移机制的不同模式,从现有资料来看还是比较合理的,把握也相对比较大。从现有资料来看,中生代以来的资料比较可靠,对于解释各时期板块不同方向的运移的比较有把握。古生代的资料可靠性差,目前还难以进行分析、判断。

现在看来,加强陨击坑与内生成矿作用的研究也是一个极具经济价值的课题。可惜的是,近些年来我国绝大多数地质勘探人员都没有注意在这方面下功夫,当然也有一些失败的教训。其实,在我国中比例尺(1:20 万)的卫星影像图上,可以看到几乎每个省区都有上

百个大小不等的环形构造，它们可能是被掩埋或改造了的古陨击坑。当然并不是说每一个陨击坑下面都能蕴藏着丰富的内生金属矿床，还必须对此进行深入的研究才行。加强对它们的地质研究是我国进一步找寻内生金属矿床的一个重要的途径。如刘鹤峰等（2006）就曾经在河北全省陨击坑研究的基础上，找到一些很有价值内生金属矿床（大型铁矿床），他们的成功经验是很值得借鉴的。

  至于，古生代及其以前的岩石圈板块的运动机制与构造演化问题，限于当前很有限的资料，讨论起来把握较小，尚有很多不同的见解和不确定因素的存在，暂时难以定论，将有待于今后进一步地深入研究。

参 考 文 献

本书在此处将有关中国大陆构造演化较详细的文献以及中国大陆附近相邻地区的文献提供给读者，便于读者今后在从事地质勘探或其他地质工作时查阅。

阿莱格尔 C J，1989. 陨石·地球·太阳系. 鲍道崇，译. 北京：地质出版社：1-240.
艾南山，梁国昭，SCHEIDEGER A E，1982. 东南沿海水系及新构造应力场. 地理学报，37（2）：111-122.
安徽省地质矿产局，1987. 安徽省区域地质志. 北京：地质出版社：1-721.
安泰庠，马文璞，1993. 中朝地台的中奥陶统-下石炭统及其古地理和构造含意. 地球科学，18（6）：777-793.
白瑾，黄学光，王惠初，等，1996. 中国前寒武纪地壳演化. 2版. 北京：地质出版社：1-223.
白立新，吴汉宁，朱日祥，等，1998. 扬子板块中寒武世古地磁新结果. 中国科学：D辑，28（增刊）：57-62.
白文吉，ROBINSON P，杨经绥，等，1995. 西准噶尔不同时代蛇绿岩及其构造演化. 岩石学报，11（增刊）：62-72.
白云虹，程国良，孙青格，等，1985. 新疆塔里木地台晚古生代古地磁极移曲线及其地质构造含义. 地震地质，7（1）：71-80.
鲍佩声，肖序常，王军，等，1999. 西藏中北部双湖地区蓝片岩带及其构造涵义. 地质学报，73（4）：302-314.
北京地质学院区域地质教研室，1963. 中国区域地质. 北京：中国工业出版社：1-404.
毕华，王中刚，王云龙，等，1999. 西昆仑造山带构造-岩浆演化史. 中国科学：D辑，29（5）：398-406.
边千韬，郑祥身，李红生，等，1997. 青海可可西里地区蛇绿岩的时代及形成环境. 地质论评，43（4）：347-354.
蔡明海，2001. 桂东-粤西地区中生代有色、贵金属矿床成矿规律及成矿动力学研究. 北京：中国地质科学院.
蔡学林，石绍清，吴德超，等，1995. 武当山推覆构造的形成与演化. 成都：成都科技大学出版社：1-220.
蔡学林，魏显贵，刘援朝，等. 1998. 中国陆内造山带造山过程地球动力学分析. 矿物岩石（S1）：7-13.
蔡学林，朱介寿，曹家敏，等，2002. 东亚西太平洋巨型裂谷体系岩石圈与软流圈结构及动力学. 中国地质，29（3）：234-245.
曹荣龙，朱寿华，1990. 中国东南沿海及台湾中生代古构造体系. 科学通报，35（2）：130-134.
车自成，刘良，刘洪福，等，1995. 阿尔金山地区高压变质泥质岩石的发现及其产出环境. 科学通报，40（14）：1298-1300.
车自成，孙勇，1996. 阿尔金麻粒岩相杂岩的时代及塔里木盆地的基底. 中国区域地质（1）：51-57.
车自成，刘良，罗金海，2002. 中国及其邻区区域大地构造学. 北京：科学出版社：1-519.
陈斌，庄育勋，1994. 粤西云炉紫苏花岗岩及其麻粒岩包体的主要特点和成因讨论. 岩石学报，10（2）：139-150.
陈斌，1997. 福建平潭-东山变质带夕线石榴云母片岩中两期变质作用的岩相学证据及其构造意义. 岩石学报，13（3）：380-394.

陈斌，刘超群，田伟，2006. 太行山中生代岩浆作用过程中的壳幔岩浆混合作用：岩石学和地球化学证据. 地学前缘，13（2）：140-147.

陈丹玲，孙勇，刘良，2005. 柴北缘鱼卡河榴辉岩的变质演化：石榴石成分环带及矿物反应结构的证据. 岩石学报，21：1030-1048.

陈道公，杨瑞瑛，1994. 江苏六合橄榄岩包体的矿物化学、稀土元素组成及其意义. 岩石学报，10（1）：68-80.

陈国达，1978. 成矿构造研究法. 北京：地质出版社：1-413.

陈国达，等，1998. 亚洲陆海壳体大地构造. 长沙：湖南教育出版社：1-322.

陈江峰，FOLAND K A，刘义茂，1993. 苏州复式花岗岩体的精确^{40}Ar/^{39}Ar定年. 岩石学报，9（1）：77-85.

陈俊勇，王俊勇，庞尚益，等，2001. 论珠穆朗玛峰地区地壳运动. 中国科学，31（4）：265-271.

陈明扬，2001. 构造山地与亚洲季风的成员//卢演俦，等. 新构造与环境. 北京：地震出版社：29-38.

陈能松，朱杰，王国灿，等，1999. 东昆仑造山带东段清水泉高级变质岩片的变质岩石学研究. 地球科学，24（2）：116-120.

陈培荣，周新民，张文兰，等，2004. 南岭东段燕山早期正长岩-花岗岩杂岩的成因和意义. 中国科学：D辑，34（6）：493-503.

陈庆辉，陈肇博，陈祖伊，等，1998. 华东南中生代伸展构造与铀成矿作用. 北京：原子能出版社：1-262.

陈荣书，1994. 石油及天然气地质学. 武汉：中国地质大学出版社：1-153.

陈绍海，张国辉，周新华，等，1998. 汉诺坝玄武岩中麻粒岩类捕虏体的岩石学特征. 岩石学报，14（3）：366-380.

陈文寄，葛同明，李大明，等，1992. 雷琼地区新生代玄武岩的K-Ar-磁性地层年代学//刘若新. 中国新生代火山岩年代学与地球化学. 北京：地震出版社：239-245.

陈文寄，李齐，郝杰，等，1999. 冈底斯岩带结晶后的热演化史及其构造含义. 中国科学：D辑，29（1）：9-15.

陈孝德，史兰斌，1983. 五台-太行辉绿岩岩墙群的初步研究. 科学通报，38（16）：1002-1005.

陈孝德，史兰斌，林传勇，2001. 华北第四纪火山作用研究. 地震地质，23（4）：564-573.

陈燕，吴泰然，许绚，等，2004. 内蒙古四子王旗东八号中新世含深源捕虏体的富钾橄榄玄武岩的发现及意义. 高校地质学报，10（4）：586-593.

陈永清，刘俊来，冯庆来，等，2010. 东南亚中南半岛地质及与花岗岩有关的矿床. 北京：地质出版社：1-192.

陈岳龙，罗照华，赵俊香，等，2004. 从锆石SHRIMP年龄及岩石地球化学特征论四川勉宁康定杂岩的成因. 中国科学：D辑，34（8）：687-697.

陈正乐，张岳桥，陈宣华，等，2001. 阿尔金断裂中段晚新生代走滑过程的沉积响应. 中国科学：D辑，31（增刊）：90-96.

陈志德，蒙启安，万天丰，等，2002. 松辽盆地古龙凹陷构造应力场弹-塑性增量法数值模拟. 地学前缘，9（2）：483-492.

陈志宏，陆松年，李怀坤，等，2004. 秦岭造山带富水中基性侵入杂岩的成岩时代：锆石U-Pb及全岩Sm、Nd同位素年代学新证据. 地质通报，23（4）：322-328.

陈忠，1984. 我国台湾地区地体构造特征的初步分析. 南海海洋科技（6）：7-15.

程国良，白云虹，孙宇航，1988. 鄂尔多斯地块构造演化的古地磁学研究. 地震地质，10（2）：81-87.

程国良，孙宇航，李素玲，1991. 中国新生代古地磁数据表. 地震地质，13（2）：184-186.

程国良，孙宇航，孙青格，王立红，1995. 显生宙中国大地构造演化的古地磁研究. 地震地质，17（1）：69-78.

程国良，孙宇航，孙青格，等，1996. 华北、扬子、塔里木地块显生宙古地磁数据. 地震地质，18（2）：

182-192.

程海, 1991. 浙西北晚元古代早期碰撞造山带的初步研究. 地质论评, 37 (3): 203-213.

程裕淇, 1994. 中国区域地质概论. 北京: 地质出版社: 1-517.

池际尚, 1988. 中国东部新生代玄武岩及上地幔研究. 武汉: 中国地质大学出版社: 1-277.

池际尚, 路凤香, 赵磊, 等, 1996. 华北地台金伯利岩及古生代岩石圈地幔特征. 北京: 科学出版社: 1-292.

迟效国, 李才, 金巍, 等, 1999. 藏北新生代火山作用的时间演化与高原隆升. 地质论评, 45 (增刊): 978-986.

从柏林, 王清晨, 1999. 大别山-苏鲁超高压变质带研究的最新进展. 科学通报, 44 (11): 1127-1141.

崔军文, 朱红, 武长得, 等, 1992. 青藏高原岩石圈变形及其动力学. 北京: 地质出版社.

崔文元, 王长秋, 王时麒, 1991. 辽西太古代建平变质杂岩的地球化学和变质作用的 P-T-t 轨迹. 岩石学报 (4): 13-26.

邓起东, 张维歧, 汪一鹏, 等, 1987. 海原断裂带和1920年海原地震断层的基本特征及其形成机制//国家地震局地质研究所. 现代地壳运动研究. 北京: 地震出版社.

邓起东, 张培震, 冉勇康, 等, 2002. 中国活动构造基本特征. 中国科学: D 辑, 32 (12): 1020-1030.

邓万明, 1995. 喀拉昆仑-西昆仑地区蛇绿岩的地质特征及其大地构造意义. 岩石学报, 11 (增刊): 98-111.

邓万明, 1998. 青藏高原北部新生代板内火山岩. 北京: 地质出版社.

邓万明, 黄萱, 钟大赉, 等, 1998. 滇西金沙江北段的富碱斑岩及其与板内变形的关系. 中国科学: D 辑, 28 (2): 111-117.

邓希光, 丁林, 刘小汉, 等, 2000. 青藏高原中部冈玛日地区蓝闪石片岩及其 $^{40}Ar/^{39}Ar$ 年代学. 科学通报, 45 (21): 2322-2326.

邓孝, 陈墨香, 汪缉安, 等, 1997. 南海北部陆架西区磷灰石裂变径迹的分析. 岩石学报, 13 (4): 507-514.

邓勇, 吕焕通, 于宝利, 等, 2011. 准噶尔盆地南缘复杂构造地震资料处理解释攻关及效果. 中国石油勘探, 16 (Z1): 19-24, 171.

丁国瑜, 1991. 中国岩石圈动力学概论. 北京: 地震出版社: 1-584.

丁林, 钟大赉, 1999. 西藏南迦巴瓦峰地区高压麻粒岩相变质作用特征及其构造地质意义. 中国科学: D 辑, 29 (5): 385-397.

丁文江, 1929. 中国造山运动. 中国地质学会会志, 8 (2): 151-170.

董申保, 等, 1986. 中国变质作用及其与地壳演化的关系. 北京: 地质出版社: 1-233.

董学斌, 王自孟, 1990. 亚东-格尔木地学断面古地磁新资料与青藏高原演化模式初步研究. 中国地质科学院院报, 21: 139-148.

董学斌, 王忠民, 谭承泽, 1991. 青藏高原古地磁研究新成果. 地质论评, 37 (2): 160-164.

董云鹏, 张国伟, 赖绍聪, 等, 1999. 随州花山蛇绿构造混杂岩的厘定及其大地构造意义. 中国科学 (D 辑), 29 (3): 222-231.

段吉业, 葛肖虹, 1992. 论塔里木-扬子板块及其古地理格局. 长春地质学院学报, 22 (3): 260-268.

鄂莫岚, 赵大升, 1987. 中国东部新生代玄武岩及深源岩石包体. 北京: 科学出版社: 1-490.

樊祺诚, 刘若新, 1990. 上地幔尖晶石-石榴石复合橄榄岩与相转变研究//中国矿物岩石地球化学学会地幔矿物岩石地球化学专业委员会. 中国上地幔特征及动力学论文集. 北京: 地震出版社: 67-91

樊祺诚, 隋建立, 刘若新, 2001. 五大连池、天池和腾冲火山岩 Sr、Nd 同位素地球化学特征与岩浆演化. 岩石矿物学杂志, 20 (3): 233-238.

樊祺诚, 孙谦, 李霓, 等, 2004. 琼北火山活动分期与全新世岩浆演化. 岩石学报, 20 (3): 533-544.

樊祺诚, 隋建立, 王团华, 等, 2006. 长白山天池火山粗面玄武岩的喷发历史与演化. 岩石学报,

22（6）：1449-1457.

方大钧，郭亚滨，王兆樑，等. 1988. 山西宁武盆地三叠纪、侏罗纪古地磁结果的构造意义. 科学通报（2）：133-135.

方大钧，金国海，姜利萍，等，1996. 塔里木盆地古生代古地磁结果及其构造地质意义. 地球物理学报，39（4）：522-532.

方大钧，王朋岩，沈忠悦，等，1998. 塔里木地块新生代古地磁结果及显生宙视极移曲线. 中国科学：D 辑，28（增刊）：90-96.

方清浩，等，1987. 广西大容山 S 型花岗岩套. 岩石学报，3：23-34.

方清浩，何绍渊，1988. 广西大容山花岗岩套的稀土元素地球化学. 桂林冶金地质学院学报，8（3）：255-262.

冯锐，1985. 中国地壳厚度及上地幔密度分布. 地震学报，7（2）：143-157.

冯浩，1989. 现代强震震中分布（1900—1985）//马杏垣. 中国岩石圈动力学地图集：第 24 幅图. 北京：地图出版社.

冯益民，何世平，1995. 北祁连蛇绿岩的地质地球化学研究. 岩石学报（S1）：125-146.

冯益民，1998. 北祁连造山带西段的外来移置体. 地质论评，44（4）：365-372.

福建省地质矿产局，1985. 福建省区域地质志. 北京：地质出版社：1-671.

福建省地质矿产局，1992. 台湾省区域地质志. 北京：地质出版社：1-244.

傅开道，高军平，方小敏，等，2001. 祁连山区中西段沉积物粒径和青藏高原隆升关系模型. 中国科学，31（增刊）：169-174.

傅征祥，1997. 中国大陆地震活动性力学研究. 北京：地震出版社：113-171.

甘肃省地质矿产局，1989. 甘肃省区域地质志. 北京：地质出版社：1-691.

高俊，何国琦，李茂松，等，1996. 新疆南天山高压变质岩石的抬升机制. 地质科学，31（4）：365-374.

高林志，张传恒，等，2007. 华北青白口系下马岭组凝灰岩锆石 SHRIMPU-Pb 定年. 地质通报，26（3）:249-255.

高锐，成湘洲，丁谦，1995. 格尔木-额济纳旗地学断面地球动力学模型初探. 地球物理学报，38（增刊 II）：3-14.

高锐，李廷栋，吴功建，1998. 青藏高原岩石圈演化与地球动力学过程：亚东-格尔木-额济纳旗地学断面的启示. 地质论评，44（4）：389-395.

高锐，王海燕，王成善，等. 2011. 青藏高原东北缘岩石圈缩短变形：深地震反射剖面再处理提供的证据. 地球学报，32（05）：513-520.

高天钧，王振民，吴克隆，等，1999. 台湾海峡及其周边地区构造岩浆演化与成矿作用. 北京：地质出版社：1-203.

高延林，吴向农，左国朝，1988. 东昆仑清水泉蛇绿岩特征及其大地构造意义. 中国地质科学院西安地质矿产研究所所刊（21）：17-28.

高振家，吴绍祖，1983. 新疆塔里木古陆的构造发展. 科学通报，28（23）：1448-1450.

高振家，等，1993. 前寒武纪地质：第 6 号 新疆北部前寒武系. 北京：地质出版社：1-171.

格里夫，1997. 地球受撞击的岩石纪录// 地矿部岩石圈构造与动力学开放研究实验室 1996 年报. 张明利，译. 北京：地质出版社：78-92.

葛梦春，周文孝，于洋，等，2011. 内蒙古锡林郭勒杂岩解体及表壳岩系年代确定. 地学前缘，18（5）：182-195.

葛肖虹，马文璞，2014. 中国区域大地构造学教程. 北京：地质出版社：1-466.

葛肖虹，张梅生，刘永江，等，1998. 阿尔金断裂研究的科学问题与研究思路. 现代地质，12（3）：295-301.

耿红燕，徐夕生，O'REILLY S Y，等，2006. 粤西白垩纪火山-侵入岩浆活动及其地质意义. 中国科学：D 辑，36（7）：601-617.

耿元生，沈其韩，2000. 冀西北石榴基性麻粒岩中辉石的演化及其地质意义. 岩石学报，16（1）：29-38.
耿元生，王新社，沈其韩，等，2007. 内蒙古阿拉善地区前寒武纪变质岩系形成时代的初步研究. 中国地质，34（2）：251-261.
耿元生，周喜文，2012. 阿拉善变质基底中的早二叠世岩浆热事件：来自同位素年代学的证据. 岩石学报，28（9）：2667-2685.
关士聪，等，1999. 中国海相、陆相和海洋油气地质. 北京：地质出版社：1-206.
广东省地质矿产局，1988. 广东省区域地质志. 北京：地质出版社：1-941.
广西自治区地质矿产局，1985. 广西自治区区域地质志. 北京：地质出版社：1-853.
贵州省地质矿产局，1987. 贵州省区域地质志. 北京：地质出版社：1-698.
国家地震局《阿尔金活动断裂带》课题组，1992. 阿尔金活动断裂带. 北京：地震出版社：1-319.
国家地震局《中国岩石圈地球动力学图集》编委会，1989. 中国岩石圈地球动力学图集. 北京：地图出版社.
郭铁鹰，梁定益，张宜智，等，1991. 西藏阿里地质. 武汉：中国地质大学出版社：1-464.
郭新生，陈江峰，张巽，等，2001. 桂东南富钾岩浆杂岩的Nd同位素组成：华南中生代地幔物质上涌事件. 岩石学报，17（1）：19-27.
郭增建，马宗晋，1988. 中国特大地震研究. 北京：地震出版社.
郭召杰，张志诚，王建军，1998. 阿尔金北缘蛇绿岩的Sm-Nd等时线年龄及其大地构造意义. 科学通报，43（18）：1981-1984.
郝天珧，MANCHEOL S，王谦身，等，2002. 根据重力数据研究黄海周边断裂带在海区的延伸. 地球物理学报，45（3）：385-397.
郝诒纯，等，1986. 中国的白垩系. 北京：地质出版社：1-301.
河北省地质矿产局，1989. 河北省、北京市和天津市区域地质志. 北京：地质出版社：1-741.
何登发，赵文智，1999. 中国西北地区沉积盆地动力学演化与含油气系统旋回. 北京：石油工业出版社：1-181.
何科昭，张绪教，秦尊丽，2001. 滇西新生代构造运动与环境变迁//卢演俦，等. 新构造与环境. 北京：地震出版社：56-64.
河南省地质矿产局，1989. 河南省区域地质志. 北京：地质出版社：1-772.
黑龙江省地质矿产局，1993. 黑龙江省区域地质志. 北京：地质出版社：1-734.
洪大卫，郭文岐，李戈晶，等，1987. 福建沿海晶洞花岗岩带的岩石学和成因演化. 北京：科学技术出版社.
洪大卫，谢锡林，2002. 试析杭州-诸广山-花山高ε_{Nd}值花岗岩带的地质意义. 地质通报，21（6）：348-354.
洪大卫，王涛，童英，2003. 华北地台和秦岭-大别-苏鲁造山带的中生代花岗岩与深部地球动力学过程. 地学前缘，10（3）：231-256.
侯贵廷，2012. 华北基性岩墙群. 北京：科学出版社.
侯增谦，曲晓明，等，2003. 西藏高原冈底斯斑岩铜矿带辉钼矿Re-Os年龄，成矿作用时限与动力背景. 中国科学：D辑，33（7）：609-618.
胡海珠，李毅，2006. 豫西熊耳山地区燕山期岩浆作用对金银成矿的制约因素. 矿产与地质，20（45）：427-429.
湖北省地质矿产局，1990. 湖北省区域地质志. 北京：地质出版社：1-705.
湖南省地质矿产局，1988. 湖南省区域地质志. 北京：地质出版社：1-719.
黄宝春，周姚秀，朱日祥，2008. 从古地磁研究看中国大陆形成与演化过程. 地学前缘，15（3）：348-359.
黄汲清，1960. 中国地质构造基本特征的初步总结. 地质学报，40（1）：1-37.
黄汲清，尹赞勋，1965. 中国地壳运动命名的几点意见. 地质论评，23（增刊）：2-4.

黄汲清，任纪舜，姜春发，等，1977. 中国大地构造基本轮廓. 地质学报（2）：117-135.

黄汲清，1984. 中国大地构造特征的新研究. 北京：地质出版社.

黄汲清，陈炳蔚，1987. 中国及邻区特提斯海的演化. 北京：地质出版社：1-78.

吉林省地质矿产局，1988. 吉林省区域地质志. 北京：地质出版社：1-698.

贾承造，等，2004. 塔里木盆地板块构造与大陆动力学. 北京：石油工业出版社：1-202.

贾进华，2000. 库车前陆盆地白垩纪巴什基奇克组沉积层序与储层研究. 地学前缘，7（3）：133-143.

江剑丽，2001. 福建晚侏罗世两条性质不同的巨型火山岩带. 福建地质，20（4）：171-176.

江来利，刘贻灿，吴维平，等，1999. 大别山超高压变质岩的变形历史及折返过程. 地质科学，34（4）：432-441.

江苏省地质矿产局，1984. 江苏省及上海市区域地质志. 北京：地质出版社：1-857.

江西省地质矿产局，1984. 江西省区域地质志. 北京：地质出版社：1-921.

姜春发，1997. 塔里木地台开合构造简述. 新疆地质，15（3）：193-202.

姜耀辉，蒋少涌，赵葵东，等，2005. 辽东半岛煌斑岩 SHRIMP 锆石 U-Pb 年龄及其对中国东部岩石圈减薄开始时间的制约. 科学通报，50（19）：2161-2168.

蒋复初，吴锡浩，1993. 中国大陆阶梯地貌的基本特征. 海洋地质与第四纪地质，13（3）：15-24.

金伯禄，张希友，1994. 长白山火山地质研究. 延吉：东北朝鲜民族教育出版社：1-223.

金巍，李树勋，刘喜山，1991. 内蒙古大青山早前寒武纪高级变质岩系特征和变质动力学. 岩石学报，7（4）：27-35.

金文山，赵风清，张惠民，1997. 华南大陆深部地壳结构及其演化. 北京：地质出版社：1-175.

金小赤，王军，任留东，1999. 西昆仑地质构造的几个问题//马宗晋，等. 构造地质学－岩石圈动力学研究进展. 北京：地震出版社：105-113.

赖绍聪，1999. 青藏高原北部新生代火山岩的成因机制. 岩石学报，15（1）：98-104.

赖绍聪，邓晋福，赵海玲，1996. 柴达木北缘古生代蛇绿岩及其构造意义. 现代地质，10（1）：18-28.

赖章忠，王安诚，1996. 赣南中生代火山活动时代及岩浆来源. 江西地质，10（2）：111-118.

李才，1997. 西藏羌塘中部蓝片岩青铝闪石$^{40}Ar/^{39}Ar$ 定年及其地质意义. 科学通报，42（4）：488.

李才，翟庆国，陈文，等，2006. 青藏高原羌塘中部榴辉岩 Ar-Ar 定年. 岩石学报，22（12）：2843-2849.

李春昱，1950. 四川运动及其在中国之分布. 地质论评（Z2）：135-156.

李春昱，王荃，刘雪亚，等，1982. 亚洲大地构造图（1∶8 000 000）及说明书. 北京：地质出版社：1-45.

李春昱，王荃，刘雪亚，等，1984. 亚洲大地构造的演化. 中国地质科学院院报（10）：3-12.

李德贵，纪文荣，KISSEL C，BARRIE E，1991. 台湾东部海岸山脉中段及南段地区沉积岩系的古地磁地层. 台湾石油通讯，8（1）：55-61.

李德生，1980. 渤海湾盆地构造特征. 石油学报，1（1）：7-20.

李光明，芮宗瑶，2004. 西藏冈底斯成矿带斑岩铜矿的成岩成矿年龄. 大地构造学与成矿学，28（2）：165-170.

李怀坤，陆松年，赵风清，等，1999. 柴达木盆地北缘鱼卡河含柯石英榴辉岩的确定及其意义. 现代地质，13（1）：43-50.

李惠民，陆松年，郑健康，等，2001. 阿尔金东端花岗片麻岩中 3.66Ga 锆石的地质意义. 矿物岩石地球化学通报，20（4）：259-262.

李锦轶，1995. 新疆东准噶尔蛇绿岩的基本特征和侵位历史. 岩石学报，11（增刊）：73-84.

李锦轶，王克卓，李文铅，等，2002. 东天山晚古生代以来大地构造与矿产勘查. 新疆地质（4）：295-301.

李俊建，沈保丰，李惠民，等，2004. 内蒙古西部巴彦乌拉山地区花岗闪长岩质片麻岩的单颗粒锆石 U-Pb 法年龄. 地质通报，23（12）：1243-1245.

李康，等，1962. 祁连山地质志：第2卷. 北京：科学出版社：171-192.

李三忠,韩宗珠,刘永江,等,2001. 辽河群区域变质特征及其大陆动力学意义. 地质论评,47(1):9-18.

李曙光,李惠民,陈移之,等,1997a. 大别山-苏鲁地体超高压变质年代学:II 锆石 U-Pb 同位素体系. 中国科学:D辑,27(3):200-206.

李曙光,聂永红,郑双根,等,1997b. 俯冲陆壳与上地幔的相互作用:I 大别山同碰撞镁铁-超镁铁岩的主要元素及痕量元素地球化学. 中国科学:D辑,27(6):488-493.

李曙光,黄方,李晖,2001. 大别-苏鲁造山带碰撞后的岩石圈拆离. 科学通报(17):1487-1491.

李四光,1973. 地质力学概论. 北京:科学出版社.1-131.

李四光,1976. 地质力学方法. 北京:科学出版社:65-112.

李廷栋,2002. 青藏高原地质科学研究的新进展. 地质通报,21(7):370-376.

李武显,周新民,1999. 中国东南部晚中生代俯冲带探索. 高校地质学报,5(2):164-169.

李永安,李强,张慧,等,1995. 塔里木及其周边古地磁学研究与盆地形成演化. 新疆地质,13(4):293-376.

李永军,谢其山,李新东,等,2004. 西秦岭糜署岭岩浆带成因及构造意义. 新疆地质,22(4):374-377.

李曰俊,吴根耀,孟庆龙,等,2008. 塔里木中央地区的断裂系统:几何学,运动学和动力学背景. 地质科学,43(1):8-118.

李志琛,1994. 敦煌地块变质岩系时代新认识. 中国区域地质(2):131-134.

梁定益,聂泽同,宋志敏,1994. 再论震积岩及震积不整合:以川西、滇西地区为例. 地球科学,19(6):845-850.

梁定益,聂泽同,宋志敏,等,2010. 海相地层中地震遗迹宏观特征与鉴别. 自然杂志,32(2):101-105.

辽宁省地质矿产局,1989. 辽宁省区域地质志. 北京:地质出版社:1-856.

廖庆康,1991. 广西大容山-十万大山花岗岩基形成时代. 广西地质,4(4):59-68.

林纪曾,1980. 东南沿海地区的震源机制与构造应力场. 地震学报,2(3):245-257.

林金录,1987. 中国古地磁数据表(1). 地质科学(2):184-187.

林金录,1989. 中国古地磁数据表(2). 地质科学(4):400-404.

林金录,WATTS D R,1990. 青藏高原的古地磁研究//中英青藏高原综合地质考察队. 青藏高原地质演化. 北京:科学出版社:242-281.

林强,葛文春,吴福元,等,2004. 大兴安岭中生代花岗岩类的地球化学. 岩石学报,20(3):403-412.

刘宝珺,许效松,夏文杰,等,1994. 中国南方岩相古地理图集:震旦纪—三叠纪. 北京:科学出版社.

刘本培,冯庆来,CHONGLAKMANI C,等,2002. 滇西古特提斯多岛洋的结构及其南北延伸. 地学前缘,9(3):161-171.

刘伯根,郑光财,陈时森,等,1995. 浙西前寒武纪火山岩中锆石 U-Pb 同位素定年及其含义. 科学通报,40(21):2015-2016.

刘德良,李曙光,朱骏,等,1990. 大别山超糜棱岩脉的发现及其地质意义. 地质科学(2):183-186.

刘德良,沈修志,陈江峰,等,2009. 地球与类地行星构造地质学. 2版. 合肥:中国科技大学出版社:1-528.

刘东生,1985. 黄土与环境. 北京:科学出版社.

刘东生,1997. 刘东生文集. 北京:科学出版社.

刘敦一,1991. 中国 38 亿年古陆壳的发现. 中国地质(5):30.

刘福田,曲克信,吴华,等,1989. 中国大陆及临近地区的地震层析成像. 地球物理学报,32(3):281-291.

刘国惠,张寿广,游振东,等,1993. 秦岭造山带主要变质岩群及变质演化. 北京:地质出版社:1-190.

刘鹤峰,马友谊,郝跃生,等,2006. 创新思维与找矿实践-用现代构造理论指导河北找矿. 北京:地质出版社:1-174.

刘嘉麒, 1999. 中国火山. 北京：科学出版社：1-219.
刘良, 车自成, 王焰, 等, 1999. 阿尔金高压变质岩带的特征及其构造意义. 岩石学报, 15（1）：57-64.
刘茂强, 杨丙中, 邓俊国, 等, 1993. 伊通-舒兰地堑地质构造特征及其演化. 北京：地质出版社：1-106.
刘若新, 陈文寄, 解广轰, 等, 1992. 中国新生代火山岩年代学与地球化学. 北京：地震出版社：1-427.
刘树文, 梁海华, 1997. 太行山太古宙变质杂岩中富铝片麻岩的变质作用. 岩石学报, 13（3）：303-312.
刘祥, 1999. 中国东北地区新生代火山活动构造控制及火山灾害. 世界地质, 2：23-29.
刘增乾, 李兴振, 叶庆同, 等, 1993. 三江地区构造岩浆带的划分与矿产分布规律. 北京：地质出版社：1-246.
刘志飞, 王成善, 2000. 可可西里盆地早渐新世雅西措群沉积环境分析及古气候意义. 沉积学报（18）：355-361.
六省市震源机制小组, 1981. 由震源机制解推断苏鲁皖豫地区的现代构造应力场. 地震地质, 3（1）：19-28.
陆松年, 2001. 从罗迪尼亚到冈瓦纳超大陆-对新元古代超大陆研究几个问题的思考. 地学前缘, 8（4）：441-448.
陆松年, 李怀坤, 相振群, 2010. 中国中元古代同位素地质年代学研究进展述评. 中国地质, 37（4）：1002-1013.
路凤香, 郑建平, 王方正, 等, 1997. 华北克拉通、扬子克拉通与秦岭造山带古地幔组成及状态的对比. 地球科学, 22（3）：247-251.
路凤香, 郑建平, 李伍平, 等, 2000. 中国东部显生宙地幔演化的主要样式："蘑菇云"模型. 地学前缘, 7（1）：97-107.
路凤香, 吴其反, 等, 2005. 中国东部典型地区下部岩石圈组成、结构和层圈相互作用. 武汉：中国地质大学出版社：1-195.
罗照华, 肖序常, 曹永清, 等, 2001. 青藏高原北缘新生代幔源岩浆活动及构造运动性质. 中国科学：D辑, 31（增刊）：8-13.
马昌前, 杨坤光, 许长海, 等, 1999. 大别山中生代钾质岩浆作用与超高压变质地体的剥露机理. 岩石学报, 15（3）：379-395.
马丽芳, 2002. 中国地质图集. 北京：地质出版社.
马铁球, 邝军, 柏道远, 等, 2006. 南岭中段诸广山南岩体燕山早期花岗岩地球化学特征及其形成的构造环境分析. 中国地质, 33（1）：119-131.
马文璞, 1992. 区域构造解析—方法理论和中国板块构造. 北京：地质出版社.
马醒华, 杨振宇, 1993. 中国三大地块的碰撞拼合与古欧亚大陆的重建. 地球物理学报, 36（4）：476-488.
马杏垣, 1987. 中国岩石圈动力学纲要. 北京：地图出版社.
马杏垣, 1989. 中国岩石圈动力学地图集. 北京：地图出版社.
马宗晋, 蒋铭, 1987. 中国地震期和强震幕. 中国地震, 3（1）：47-51.
马宗晋, 李存悌, 高祥林, 1996. 全球新-中生代构造的基本特征. 地质科技情报, 15（4）：21-25.
马宗晋, 张家声, 汪一鹏, 1998. 青藏高原三维变形运动学的时段划分和新构造分区. 地质学报（3）：211-227.
毛建仁, 1994. 中国东南大陆中、新生代岩浆作用与壳幔演化动力学. 火山地质与矿产, 15（2）：1-11.
孟艳宁, 王国灿, 王岸, 等, 2008. 青藏高原腹地羌塘地体中新生代地层褶皱收缩量的研究及其意义. 大地构造与成矿学, 32（4）：401-409.
莫宣学, 沈上越, 朱勤文, 等, 1998. 三江中南段火山岩-蛇绿岩与成矿. 北京：地质出版社：1-128.
莫宣学, 赵志丹, 俞学惠, 等, 2009. 青藏高原新生代碰撞-后碰撞火山岩. 北京：地质出版社：1-396.
内蒙古自治区地质矿产局, 1991. 内蒙古自治区区域地质志. 北京：地质出版社：1-725.
宁夏回族自治区地质矿产局, 1990. 宁夏回族自治区区域地质志. 北京：地质出版社：1-522.
牛漫兰, 2006. 张八岭隆起南缘早白垩世火山岩稀土元素对比研究. 中国稀土学报, 24（6）：739-744.

牛树银, 陈路, 许传诗, 等, 1994. 太行山区地壳演化及成矿规律. 北京: 地震出版社: 1-203.
欧阳自远, 1995. 行星地球的形成和演化. 地质地球化学 (5): 1-105.
欧阳自远, 刘建忠, 张福勤, 等, 2002. 行星地球不均一成因和演化的理论框架初探. 地学前缘, 9 (3): 23-30.
庞其清, 李佩贤, 田树刚, 等, 2002. 冀北滦平张家沟大北沟组-大店子组介形类的发现及生物地层界线研究. 地质通报, 21 (6): 329-338.
彭元桥, 殷鸿福, 2002. 古-中生代之交的全球变化与生物效应. 地学前缘, 9 (3): 85-93.
漆家福, 陈发景, 1995. 下辽河-辽东湾新生代裂陷盆地的构造解析. 北京: 地质出版社.
戚学祥, 朱路华, 李化启, 等, 2010. 青藏高原东缘哀牢山-金沙江构造带糜棱状花岗岩的 LA-ICP-MS U-Pb 定年及其构造意义. 地质学报, 84 (3): 357-369.
乔秀夫, 高林志, 张传恒, 2007. 中朝板块中、新元古界年代地层柱与构造环境新思考. 地质通报, 26 (5): 503-509.
乔秀夫, 马丽芳, 张会民, 1990. 中国末前寒武系古地理格局. 中国地质科学院院报, 20: 4-5.
青海地质矿产局, 1991. 青海省区域地质志. 北京: 地质出版社: 1-662.
卿芸, 2010. 内蒙古阿拉善右旗塔木素地区变质基底研究. 北京: 中国地质大学 (北京).
丘元禧, 陈焕疆, 1993. 云开大山及其邻区地质构造论文集. 北京: 地质出版社: 1-74.
曲国胜, 陈杰, 陈新安, 等, 1998. 西昆仑-帕米尔造山带及其北缘前陆盆地板内变形构造. 地质论评, 44 (4): 419-429.
全国地层委员会, 2001. 中国区域年代地层 (地质年代) 表 (Ⅰ、Ⅱ). 地层学杂志, 25 (增刊): 359-360.
任金卫, 汪一鹏, 吴章明, 等, 1999. 青藏高原北部东昆仑断裂带第四纪活动特征和滑移速率//活动断层研究编委会. 活动断层研究. 北京: 地震出版社: 147-164.
任纪舜, 王作勋, 陈廷愚, 等, 2000. 从全球看中国大地构造-中国及邻区大地构造图简要说明. 北京: 地质出版社: 1-50.
任战利, 1996. 鄂尔多斯盆地热演化史与油气关系的研究. 石油学报, 17 (1): 17-24.
芮宗瑶, 侯增谦, 曲晓明, 等, 2003. 冈底斯斑岩铜矿成矿时代及青藏高原隆升. 矿床地质, 22 (3): 218-225.
山东地质矿产局, 1991. 山东省区域地质志. 北京: 地质出版社: 1-595.
山西地质矿产局, 1989. 山西省区域地质志. 北京: 地质出版社: 1-780.
陕西地质矿产局, 1988. 陕西省区域地质志. 北京: 地质出版社: 1-698.
邵济安, 1991. 中朝板块北缘中段地壳演化. 北京: 北京大学出版: 105-117.
邵济安, 唐克东, 等, 1995. 中国东北地体与东北亚大陆边缘演化. 北京: 地震出版社: 1-185.
沈敢富, 吕伯西, 2000. 西南三江地区新生代侵入岩的成岩与成矿. 北京: 地质出版社.
沈其韩, 徐惠芳, 张宗清, 等, 1992. 中国早前寒武纪麻粒岩. 北京: 地质出版社.
沈其韩, 耿元生, 王新社, 等. 2005. 阿拉善地区前寒武纪斜长角闪岩的岩石学、地球化学、形成环境和年代学. 岩石矿物学杂志 (1): 21-31.
石耀霖, 1976. 山字型构造应力场初步分析. 地质力学通讯 (1): 39-54.
石油地质志编写组, 1991. 大港油田//翟光明, 等. 中国石油地质志: 卷4. 北京: 石油工业出版社: 92-95.
石油地质志编写组, 1993. 大庆油田//翟光明, 等. 中国石油地质志: 卷2 上. 北京: 石油工业出版社: 34-40.
石油地质志编写组, 1993. 辽河油田//翟光明, 等. 中国石油地质志: 卷3. 北京: 石油工业出版社: 80-83.
石油地质志编写组, 1993. 青海油田//翟光明, 等. 中国石油地质志: 卷14. 北京: 石油工业出版社.
石油地质志编写组, 1993. 胜利油田//翟光明, 等. 中国石油地质志: 卷6. 北京: 石油工业出版社: 264-271.

石油地质志编写组，1993. 吉林油田//翟光明，等. 中国石油地质志：卷2下. 北京：石油工业出版社：12-15.

时振梁，环文林，曹新玲，等，1974. 中国地震活动的某些特征. 地球物理学报，17（1）：1-9.

史明魁，熊成云，贾德裕，等，1993. 湘桂粤赣地区有色金属隐伏矿床综合预测. 北京：地质出版社：1-133.

水涛，1987. 中国东南大陆基底构造格局. 中国科学：B辑（4）：414-422.

四川地质矿产局，1991. 四川省区域地质志. 北京：地质出版社：1-730.

宋春晖，方小敏，李吉均，等，2001. 青藏高原北缘酒西盆地13 Ma以来沉积演化与构造隆升. 中国科学：D辑（S1）：155-162.

孙晓猛，张保民，聂泽同，等，1997. 滇西北金沙江带蛇绿岩、蛇绿混杂岩的形成环境及时代. 地质论评，43（2）：113-120.

孙勇，刘池阳，车自成，1997. 阿尔金山拉配泉地区元古宙裂谷火山岩系及其构造意义. 地质论评，43（1）：17-24.

索书田，钟增球，游振东，等，2000. 大别-苏鲁区残余超高压构造及其动力学意义. 地球科学，25（6）：557-563.

索书田，钟增球，张宏飞，等，2001. 桐柏山高压变质带及其区域构造型式. 地球科学，26（6）：551-559.

谭永杰，1992. 鄂尔多斯盆地南缘构造变形及其演化. 北京：中国矿业大学：1-145.

汤加富，高天山，李怀坤，2004. 中国东部中新生代构造格局和岩浆岩带的形成与演化. 地质调查与研究，27（2）：65-74.

唐贤君，於文辉，单蕊，2010. 中国东部-朝鲜半岛中生代板块结合带划分研究现状与问题. 地质学报，84（5）：606-617.

唐智，1979. 我国东部含油气盆地的构造特征. 石油勘探与开发（1）：30-37.

陶奎元，高天钧，等，1998. 东南沿海火山岩基底构造及火山-侵入作用与成矿关系. 北京：地质出版社.

滕吉文，2001. 地球内部物质、能量交换与资源和灾害. 地学前缘，8（3）：1-8.

滕吉文，闫雅芬，张慧，等，2002. 东亚大陆及周边海域Moho界面深度分布和基本构造格局. 中国科学：D辑，32（2）：89-100.

田东江，2007. 完达山造山带的地质-地球化学组成及其演化. 长春：吉林大学.

万天丰，朱鸿，1989. 中国白垩纪—始新世早期构造应力场. 地质学报，63（1）：14-25.

万天丰，1992. 山东省构造演化与应力场研究. 山东地质，8（2）：70-101.

万天丰，1993. 中国东部中、新生代板内变形构造应力场及其应用. 北京：地质出版社：1-103.

万天丰，2001. 中朝与扬子板块的鉴别特征. 地质论评，47（1）：57-63.

万天丰，朱鸿，2007. 古生代与三叠纪中国各陆块在全球古大陆再造中的位置与运动学特征. 现代地质，21（1）：1-13.

万天丰，王亚妹，刘俊来，2008. 中国东部燕山期和四川期岩石圈构造滑脱与岩浆起源深度. 地学前缘，15（3）：1-35.

万天丰，郝天珧，2009. 黄海新生代构造及油气勘探前景. 现代地质，23（3）：385-393.

万天丰，2011. 中国大地构造学. 北京：地质出版社：1-497.

万天丰，2018. 亚洲大地构造与大型矿床. 北京：高等教育出版社：1-402.

汪缉安，邓孝，陈墨香，等，1995. 南海北部大陆架西段新生代热演化历史及其特点的分析. 地质科学，30（3）：220-232.

汪劲草，1994. 云开大山变质岩时代与构造研究-桂东南地质构造研究的新认识. 南京大学学报：地球科学，6（1）：59-68.

王椿镛，张先康，陈步云，等，1997. 大别造山带的地壳结构研究. 中国科学：D辑，27（3）：222-226.

王根厚，周详，普布次仁，等，1996. 西藏他念他翁山链构造变形及其演化. 北京：地质出版社：1-80.
王国芝，王成善，曾允孚，等，2000. 滇西高原的隆升与莺歌海盆地的沉积响应. 沉积学报，18（2）：234-240.
王鸿祯，1982. 中国地质构造发展的主要阶段. 地球科学，（3）：155-177.
王鸿祯，杨森楠，刘本培，等，1990. 中国及邻区构造古地理和生物古地理. 武汉：中国地质大学出版社：1-347.
王磊，龙文国，徐德明，等，2015. 云开地区变质基底锆石U-Pb年代学及对华夏地块Grenvillian事件的指示. 地学前缘，22（2）：25-40.
王立全，潘桂棠，朱第成，等，2008. 西藏冈底斯带石炭纪—二叠纪岛弧造山作用：火山岩和地球化学证据. 地质通报（9）：1509-1534.
王琪，张培震，马宗晋，2002. 中国大陆现今构造变形GPS观测数据与速度场. 地学前缘，9（2）：415-429.
王润三，王居里，周鼎武，等，1999. 南天山榆树沟遭受麻粒岩相变质改造的蛇绿岩套研究. 地质科学，34（2）：166-176.
王涛，童英，吴才来，等，2014. 中国及亚洲重要造山带花岗岩浆时空演化及成矿背景对比研究. 中国地质调查，1（2）：58-64.
王同和，1995. 晋陕地区地质构造演化与油气聚集. 华北地质矿产杂志，10（3）：283-398.
王志洪，卢华复，1997. 长乐-南澳韧性剪切带^{40}Ar/^{39}Ar热年代学研究. 中国科学：D辑，27（4）：294-299.
魏明建，王成善，万晓樵，等，1998. 第三纪青藏高原面程与古植物被变迁. 现代地质，12（3）：318-326.
翁文灏，1927. 中国东部中生代以来地壳运动及火山活动. 中国地质学会会志，6（1）：9-36.
邬光辉，李浩武，徐彦龙，等，2012. 塔里木克拉通基底古隆起构造-热事件及其结构与演化. 岩石学报，28（8）：2435-2452.
吴根耀，李曰俊，王国林，等. 2006. 新疆西部巴楚地区晋宁期的洋岛火山岩. 现代地质，（3）：361-369.
吴功建，高锐，余钦范，等，1991. 青藏高原"亚东-格尔木地学断面"综合地球物理调查与研究. 地球物理学报，34（5）：552-562.
吴海威，张连生，嵇少丞，1989. 红河-哀牢山断裂：喜山期大型陆内左行走滑剪切带. 地质科学（1）：1-8.
吴汉宁，常承法，刘椿，等，1991. 华北和扬子地块古生代至中生代古地磁极移曲线与古纬度分布变化. 西北大学学报：自然科学版，21（3）：99-105.
吴汉宁，朱日祥，白立新，等，1998. 扬子地块显生宙古地磁视极移曲线及地块运动特征. 中国科学：D辑，28（增刊）：69-78.
吴泰然，刘树文，张臣，1998. 华北地台北缘中段线师中新元古代地块的pTt轨迹及构造演化研究. 地球科学，23（5）：487-492.
伍家善，耿元生，沈其韩，等，1998. 中朝古大陆太古宙地质特征及构造演化. 北京：地质出版社.
西藏自治区地质矿产局，1993. 西藏自治区区域地质志. 北京：地质出版社.
肖荣阁，隋德才，罗照华，等，1995. 内蒙古北部早元古代变质岩系的发现及其岩石学研究. 现代地质，（2）：142-148.
肖序常，李廷栋，李光岑，等，1988. 喜马拉雅岩石圈构造演化. 北京：地质出版社.
肖序常，汤耀庆，冯益民，等，1992. 新疆北部及其邻区大地构造. 北京：地质出版社.
肖序常，王军，1998. 青藏高原构造演化及隆升的简要评述. 地质论评，44（4）：372-381.
谢家荣，1936. 中国之矿产时代及矿产区域. 地质论评，1（3）：363-380.
辛后田，赵凤清，罗照华，等，2011. 塔里木盆地东南缘阿克塔什塔格地区古元古代精细年代格架的建立及其地质意义. 地质学报，85（12）：1977-1993.
新疆维吾尔自治区地震局，1985. 富蕴地震断裂带. 北京：地震出版社：1-206.

新疆维吾尔自治区地质矿产局，1993. 新疆维吾尔自治区区域地质志. 北京：地质出版社：1-841.

许志琴，卢一伦，汤耀庆，等，1988. 东秦岭复合山链的形成——变形、演化及板块动力学. 北京：中国环境出版社：1-193.

许志琴，姜枚，杨经绥，1996. 青藏高原北部隆升的深部构造物理作用：以"格尔木-唐古拉山"地质及地球物理综合剖面为例. 地质学报，（3）：195-206.

许志琴，杨经绥，张建新，1999. 阿尔金断裂两侧构造单元的对比及岩石圈剪切机制. 地质学报，73（3）：193-205.

许志琴，杨经绥，嵇少丞，等，2010. 中国大陆构造及动力学若干问题的认识. 地质学报，84（1）：1-29.

鄢家全，时振梁，汪素云，等，1979. 中国及邻区现代构造应力场的区域特征. 地震学报，1（1）：9-24.

鄢明才，迟清华，顾铁新，等，1997. 中国东部上地壳化学组成. 中国科学：D辑，27（3）：193-199.

杨经绥，刘福来，吴才来，等，2003. 中央碰撞造山带中两期超高压变质作用来自含柯石英锆石的定年证据. 地质学报，（4）：463-477.

杨经绥，许志琴，张建新，等，2009. 中国主要高压-超高压变质带的大地构造背景及俯冲/折返机制的探讨. 岩石学报，25（7）：1529-1560.

杨经绥，许志琴，段向东，等，2012. 缅甸密支那地区发现侏罗纪的SSZ型蛇绿岩. 岩石学报. 28（6）：1710-1730.

杨甫，陈刚，侯斌，等. 2014. 准噶尔盆地钻井岩芯火山碎屑岩锆石U-Pb定年、微量元素及Hf同位素研究. 地质学报，88（6）：1068-1080.

杨巍然，郭铁鹰，路元良，等，1984. 中国构造演化中的"开"与"合". 地球科学，3：39-56.

杨森楠，杨巍然，1985. 中国区域大地构造学. 北京：地质出版社：1-341.

杨巍然，王国灿，简平，2000. 大别造山带构造年代学. 武汉：中国地质大学出版社：1-141.

叶祥华，李家福，1987. 西藏板块与特提斯的古地磁及演化. 成都地质学院学报，14（1）：65-79.

殷鸿福，1988. 中国古生物地理学. 武汉：中国地质大学出版社：1-329.

殷鸿福，徐道一，吴瑞棠，1988. 地质演化突变观. 武汉：中国地质大学出版社：1-201.

殷鸿福，张克信，1998. 中央造山带的演化及其特点. 地球科学，（5）：3+5+7-8.

尹廷鸿，万天丰，1996. 微玻璃陨石撞击导致始新世末太平洋板块改变运动方向的可能性及动力学探讨//地矿部岩石圈构造与动力学开放研究实验室1995年年报. 北京：地质出版社：116-132.

尹延鸿，张训华，温珍河，等，2008. 中国东部海区及邻域区域构造图的编制方法及地质构造单元划分. 海洋学报：中文版，30（6）：99-105.

尹赞勋，徐道一，普庆余，1965. 中国地壳运动名称资料汇编. 地质论评，23（增刊）：20-81.

于海峰，梅华林，李铨，1998. 甘肃敦煌地区太古宙孔兹岩系特征. 前寒武纪研究进展，21（1）：19-25.

袁学诚，1996. 中国地球物理图集. 北京：地质出版社.

云南地质矿产局，1990. 云南省区域地质志. 北京：地质出版社.

曾融生，孙为国，毛桐恩，等，1995. 中国大陆莫霍界面深度图. 地震学报，17（3）：322-327.

翟明国，1998. 中国三条高温高压变质带及其地质意义. 岩石学报，14（4）：419-429.

翟明国，2008. 华北克拉通中生代破坏前的岩石圈地幔与下地壳. 岩石学报，24（10）：2185-2204.

章凤奇，陈汉林，董传万，等，2008. 松辽盆地北部存在前寒武纪基底的证据. 中国地质（3）：421-428.

张国伟，张本仁，袁学诚，等，2001. 秦岭造山带与大陆动力学. 北京：科学出版社：1-855.

张建新，张泽明，许志琴，等，1999. 阿尔金构造带西段榴辉岩的Sm-Nd及U-Pb年龄：阿尔金构造带中加里东期山根存在的证据. 科学通报，44（10）：1109-1112.

张建新，许志琴，杨经绥，等，2001. 阿尔金西段榴辉岩岩石学、地球化学和同位素年代学研究及其构造意义. 地质学报，75（2）：186-197.

张建新，李怀坤，孟繁聪，等，2011. 塔里木盆地东南缘（阿尔金山）"变质基底"记录的多期构造热事件：

锆石U-Pb年代学的制约. 岩石学报, 27 (1): 23-46.

张明书, 1997. 中国海岸带晚第四纪地质灾害类型分布图（1:5 000 000）的几点说明. 海洋地质与第四纪地质, 17 (1): 101-104.

张培震, MOLNAR P, 2001. 沉积和侵蚀速度对气候变化的响应//卢演俦, 等. 新构造与环境. 北京: 地震出版社: 39-48.

张培震, 王琪, 马宗晋, 2002. 中国大陆现今构造运动的GPS速度场与活动地块. 地学前缘, 9 (2): 430-441.

张勤文, 徐道一, 杨正宗, 等, 1984. 类地天体与地球地质作用的比较研究. 北京: 地质出版社.

张文佑, 1942. 广西山字型构造的雏形. 地质论评, 7 (6): 267-276.

张文佑, 1984. 断块构造导论. 北京: 石油工业出版社: 1-385.

张泽明, 王金丽, 赵国春, 等, 2008. 喜马拉雅造山带东构造结南迦巴瓦岩群地质年代学和前寒武纪构造演化. 岩石学报, 24 (7): 1477-1487.

章泽军, 张志, 秦松贤, 等, 2003. 论华南（北部）前震旦纪基本构造格局与演化. 地球学报 (3): 197-204.

赵春荆, 彭玉鲸, 党增欣, 等, 1996. 吉黑东部构造格架及地壳演化. 沈阳: 辽宁大学出版社.

赵文津, NELSON K D, 徐中信, 等, 1997. 雅鲁藏布江缝合带的双陆内俯冲构造与部分熔融层特征. 地球物理学报, 40 (3): 325-336.

赵文津, 吴珍汉, 史大年, 等, 2014. 昆仑山深部结构与造山机制. 中国地质, 41 (1): 1-18.

赵永贵, 钟大赉, 刘建华, 等, 1992. 地震层析地质解释原理及其在滇西深部构造研究中的应用. 地质科学, 2: 105-113.

赵宗溥, 1959. 论燕山运动. 地质论评, 19 (8): 339-346.

浙江地质矿产局, 1989. 浙江省区域地质志. 北京: 地质出版社: 1-688.

郑永飞, 2008. 超高压变质与大陆碰撞研究进展: 以大别-苏鲁造山带为例. 科学通报, 53 (18): 2129-2152.

中国地质科学研究院亚洲地质图编图组, 1975. 亚洲地质图（1:500万）. 北京: 地质出版社.

中国科学院地震工作委员会历史组, 1956. 中国地震资料年表. 北京: 科学出版社.

中国科学院南海研究所构造室, 1988. 南海地质构造与陆缘扩张. 北京: 科学出版社.

钟大赉, 1998. 滇川西部古特提斯造山带. 北京: 科学出版社.

周建波, 张兴洲, SIMON A WILDE, 等, 2011. 中国东北~500 Ma泛非期孔兹岩带的确定及其意义. 岩石学报, 27 (4): 1235-1245.

周新华, 2006. 中国东部中、新生代岩石圈转型与减薄研究若干问题. 地学前缘, 13 (2): 50-64.

周新民, 邹海波, 杨杰东, 等. 1989. 安徽歙县伏川蛇绿岩套的Sm-Nd等时线年龄及其地质意义. 科学通报, (16): 1243-1245.

朱鸿, 郑昭昌, 何心一, 1987. 阿拉善地块边缘古生代生物地层及构造演化. 武汉: 武汉地质学院出版社: 1-159.

朱介寿, 蔡学林, 曹家敏, 等, 2005. 中国华南及东海地区岩石圈三维结构及演化. 北京: 地质出版社: 1-308.

朱日祥, 杨振宇, 吴汉宁, 等, 1998. 中国主要地块显生宙古地磁视极移曲线与地块运动. 中国科学: D辑, 28 (增刊): 1-16.

朱照宇, 1989. 黄河中游河流阶地的形成与水系演化. 地理学报, 44 (4): 429-440.

朱志文, 1985. 显生宙以来西藏高原及其邻区的古地磁视极移曲线对比性研究的意义. 地球物理学报, 28 (增刊): 219-225.

朱志文, 郝天珧, 赵惠生, 1988. 攀西地区中生代地层古地磁及其大地构造含义//张云湘, 等. 中国攀西裂谷文集. 北京: 地质出版社: 199-211.

AITCHISON J C, DAVIS A M, 2001. When did the India-Asia collision really happen? Gondwana Research, 4: 560-561.

AITCHISON J C, JASON R A , DAVIS A M, 2007. When and where did India and Asia collide? J. Geophys. Res., 112: B05423.

ALLÈGRE C J, COURTILLOT V, TAPPONNIER P, et al., 1984. Structure and evolution of the Himalaya-Tibet orogenic belt. Nature, 307: 17-22.

ALLEN M B, WINDLEY B F, ZHANG C, 1993. Paleozoic collisional tectonics and magmatism of the Chinese Tien Shan, Central Asia. Tectonophysics, 220: 89-115

AMES L, TILTON G R, ZHOU G, 1993. Timing of collision of the Sino-Korean and Yangtze cratons: U-Pb zircon dating of coesite-bearing eclogites. Geology, 21: 339-342.

ANDERSON D L, 1995. Lithosphere, asthenosphere and peri-sphere. Reviews of Geophysics, 33 (1): 125-149.

ARNDT N, CHRISTENSEN N, 1992. The role of lithospheric mantle in continental flood volcanism: Thermal and geochemical constraints. J. Geophys. Res., 97: 10967-10981.

BESSE J, COURTILLOT V, POZZI J P, et al., 1984. Palaeomagnetic estimates of crustal shortening in the Himalayan thrusts and Yarlung Zangbo suture. Nature, 311 (5987): 621-626.

BIJWAARD H, SPAKMAN W, ENGDAHL E, 1998. Closing the gap between regional and global travel tomography. J. Geophys. Res., B 103: 30055-30078.

BOTT M H P, KUSZNIR N J, 1984. The origin of tectonic stress in the lithosphere. Tectonophysics, 105: 1-13.

BOTT M H P, KUSZNIR N J, 1991. Sub-lithospheric loading and plate-boundary forces. Philos. Trans. R. Soc. London, A 337: 83-93.

BRANDON A D, WALKER R J, 2005. The debate over core-mantle interaction. Earth Planet. Sci. Lett., 232: 211-225.

BRENCHLEY P J, ROWSON P E, 2006. The Geology of England and Wales. 2nd ed. London: Geological Society of London: 1-559.

BRIAIS A, PATRIAT P, TAPPONNIER P, 1993. Updated interpretation of magnetic anomalies and seafloor spreading stages in the South China Sea: Implications for the Tertiary tectonics of Southeast Asia. Journal of Geophysical Research: Solid Earth, 98 (B4): 6299-6328.

BURBANK D W, BECK R A, MULDER T, 1996. The Himalayan foreland basin//YIN A, HARRISON T M. TheTectonic Evolution of Asia. Cambridge: Cambridge University Press: 149-188.

BURCHFIEL B C, HODGES K V, ROYDEN L H, et al. 1987. East-west striking Miocene-Pliocene normal faults within the high Himalaya South-central Tibet. Abstracts with Programs-GSA, 19 (7): 605.

BURCHFIEL B C, CHEN Z L, HODGES K V, et al., 1992. The south Tibetan detachment system, Himalayan Orogen: extension contemporaneous with and parallel to shortening in a collisional mountain belt. Special PaperGSA, 269: 41.

BURKE K C, WILSON J T, 1976. Hot spots on the Earth's surface. Sci. Am., 235: 46.

BUSLOV M M, DE GRAVE J, BATALEVA E V, 2004. Cenozoic tectonics and geodynamic evolution of the Tien Shan mountain belt. Himalayan Journal of Sciences, 2: 106-107.

CANDE S C, KENT D V, 1992. A new geomagnetic polarity time scale for the Late Cretaceous and Cenozoic. J. Geophys. Res., B97 (10): 13917-13951.

CAVAZZA W, ROURE F M, SPAKMAN W et al., 2004. The Transmed Atlas. The Mediterranean Region from Crust to Mantle. Heidelberg Springer Berlin: 1-141.

CHAN L S, WANG C Y, WU X Y et al., 1984. Paleomagnetic results of some Permian-Triassic from Southwest China. Geophys. Res. Lett., 11 (11): 1157-1160.

CHANG K H, 1995. Aspects of geologic history of Korea. Jour. Geol. Soc. Korea, 31 (1): 72-90.

CHARVET J, SHU L S, LAURENT-CHARVET, et al., 2011. Palaeozoic tectonic evolution of the Tianshan belt, NW China. Science in China: Earth Sciences, 54 (2): 166-184.

CHAMBERLAIN C P, ZEITLER P K, 1996. Assembly of the crystalline terranes of the northwestern Himalaya and Karakoram. northwestern Pakistan//YIN A, HARRISON T M. The Tectonic Evolution of Asia. Cambridge: Cambridge University Press: 138-148.

CHEN S Y, YANG J S, LI Y, et al., 2009. Ultramafic blocks in Sumdo region, Lhasa Block, Eastern Tibet Plateau: A ophiolite unit. Journal of Earth Science, 20 (2): 332-347.

CHENG Y Q, 2000. Concise Regional Geology of China. Beijing: Geological Publishing House.

CHOUGH S K, KWON S T, REE J H, et al., 2000. Tectonic and sedimentary evolution of the Korean Peninsula: a review and new view. Earth Science Reviews, 52: 175-235.

CHUNG S L, JAHN B M, WU G et al., 1998. The Emeishan flood basalt in SW China: A mantle plume initiation model and its connection with continental breakup and mass extinction at the Permian-Triassic boundary// FLOWER M F J, et al., Mantle Dynamics and Plate interactions in East Asia, Geodynamics Series. Washington D C: AGU: 47-58.

CLAGUE D A, JARRA R D, 1972. Tertiary Pacific plate motion deduced from the Hawaiian-Emperor Chin. Geol. Soc. Amer. Bull., 84: 1135-1154.

COLEMAN R G, 1989. Continental growth of Northwest China. Tectonics, 8 (3): 621-635.

COLEMAN R G, CHANG E, MCKNIGHT C, et al., 1990. The Stanford-China Central Asia Geoscience Transect. Abstracts with Programs, GSA, 22 (7): 192.

COLEMAN M, HODGES K, 1995. Evidence for Tibetan Plateau uplift before 14 Myr ago from a new minimum age for east-west extension. Nature, 374 (6517): 49-52.

CONDIE K C, 1997. Plate Tectonics and Crustal Evolution. 4th ed. Oxford, UK: Butterwoth-Heinemann: 1-282.

CONDIE K C, 2001. Mantle Plumes and Their Record in Earth History. Cambridge: Cambridge University Press: 1-306.

COPELAND P, HARRISON T M, PARRISH R R, et al., 1987. Constraints on the age of normal faulting, north face of Mt. Everest: implications for Oligo-Miocene uplift. Eos. Transactions, 68 (44): 1444.

COPELAND P, HARRISON T M, 1990. Episodic rapid uplift in the Himalaya revealed by ^{40}Ar/^{39}Ar analysis of detrital K-feldspar and muscovite. Bengal Fan. Geology, 18 (4): 354-357.

CORRIGAN J D, CROWLEY K D, 1992. Unroofing of the Himalayas: a view from apatite fission-track analysis of Bengal Fan sediments. Geophysical Research Letters, 19 (23): 2345-2348.

COWARD M P, WINDLEY B F, BROUGHTON R D, et al., 1986. Collision tectonics in the northwest Himalayas. //COWARD M P, RIES A C. Collision Tectonics. London: Geological Society of London, 19: 203-219.

CROUGH T S, 1983. Hotspot swells. Annu. Rev. Earth Planet. Sci., 11: 165-193.

Dalziel I W D, 1997. Neoproterozoic-Paleozoic geography and tectonics: Review, hypothesis, environmental speculation. GSA Bulletin, 109 (1): 16-42.

DING L, ZHONG D L, YIN A, et al., 2001. Cenozoic structural and metamorphic evolution of the eastern Himalayan syntaxis (Namche Barwa). Earth and Planetary Science Letters, 192: 423-438.

DING W J. 1929. Orogenic Movements of China. Journal of Geological Society of China, 8 (2): 151-170.

DONG Y P, ZHANG G W, LAI S C, et al. 1999. An ophiolitic tectonic melange first discovered in Huashan area, south margin of Qinling Orogenic Belt and its tectonic implications. Science in China: Series D, 42 (3): 292-302.

EDWARDS M A, PECHER A, KIDD W S F, et al., 1999. Southern Tibet detachment system at Khula Kangri, eastern Himalaya: a large-area, shallow detachment stretching into Bhutan. Journal of Geology, 107 (5): 623-631.

ENGLAND P C, 1987. Diffuse continental deformation: Length scale, rates and metamorphic evolution. Philos. Trans. R. Soc. London, A 321: 3-22.

ENKIN R J, YANG Z Y, CHEN Y, et al., 1992. Paleomagnetic constrains on the geodynamic history of the major blocks of China from the Permian to the present. J. Geophys. Res., 97: 13953-13989.

FANG W, VAN DERVOO R, QI Z L, 1989. Devonian paleomagnetism of Yunnan province across the Shan Thai-South China suture. Tectonics, 8: 939-952.

FAURE M, NATAL I B, 1992. The geodynamic evolution of the eastern Eurasian margin in Mesozoic times. Tectonophysics, 208: 397-411.

FAURE M, SHU L S, WANG B, et al., 2009. Intracontinental subduction: a possible mechanism for the Early Paleozoic Orogen of SE China. Terra Nova, 21 (5): 360-368.

FLEITOUT L, 1991. The sources of lithospheric tectonic stresses. Philos. Trans. R. Soc. London, A337: 73-81.

FLOWER M F J, TAMAKI K, HOANG N, 1998. Mantle extrusion: A model for dispersed volcanism and DUPAL-like asthenosphere in East Asia and the western Pacific//FLOWER M F J. Mantle Dynamics and Plate interactions in East Asia. Washington D C: AGU: 67-88.

FORSYTH D, UYEDA S, 1975. On the relative importance of the driving forces of plate motion. Geophysical Journal International, 43: 163-200.

FROMAGET J I, 1934. Observations et reflexion Sur La geologic stratigraphique et Indochina. Bull. Soc. Geol. France, 4: 101-164.

FUK D, GAO J P, FANG X M, et al., 2001. Relationship model of sediment grain size and Tibetan Plateau uplift in middle-west parts of Qilian Mountains. Science in China: Series D, 44 (suppl.): 210-217.

GILDER S A, COE R S, WU H R, et al., 1993. Cretaceous and Tertiary paleomagnetic results from Southeast China and their tectonic implications. Earth Planet. Sci. Lett., 117: 637-652.

GILDER S A, GILL J B, COE R S, et al., 1996a. Isotopic and paleomagnetic constraints on the Mesozoic tectonic evolution of South China. J. Geophys. Res., 101 (B7): 16137-16155.

GILDER S A, ZHAO X X, COE R S, et al., 1996b. Paleomagnetism and tectonics of the southern Tarim basin, northwestern China. J. Geophys. Res., 101 (B10): 22015-22031.

GILDER S A, COURTILLOT V, 1997. Timing of the North-South China collision from new middle to Late Mesozoic, paleomagnetic data from the North China block. J. Geophys. Res., 102 (B8): 17713-17727.

GLASS B P, 1982. Tektites//Introduction to Planetary Geology. Cambridge: Cambridge University Press: 145-172.

GLATZMAIER G A, ROBERTS P H, 1996. Rotation and magnetism of the Earth's inner core. Science, 274: 1887-1891.

GORDIENKO I V, 1994. Paleozoic geodynamic evolution of the Mongol-Okhotsk fold belt. Journal of Southeast Asian Earth Sciences, 9 (4): 429-433.

GORDIENKO I V, KUZMIN M I, 1999. Geodynamics and metallogeny of the Mongolo-Transbaikalian region. Russian Geology and Geophysics, 40 (11): 1522-1538.

GRABAU A W, 1940. The Rhythum of the ages. Beijing: H Wetch: 1-561.

GRAMBLING J A, 1981. Pressure and temperature in Precambrian metamorphic rocks. Earth Planet. Sci. Lett., 53: 63-68.

GRAND S P, VAN DER HILST R D, WIDIYANTORO S, 1997. Global seismic tomography: a snapshot of convection in the Earth. GSA Today, 7 (4): 1-7.

GRIFFIN W L, ZHANG A, O'REILLY S Y, et al., 1998. Phanerozoic evolution of the lithosphere beneath the Sino-Korean Craton//FLOWER M F J. Mantle Dynamics and Plate interactions in East Asia. Washington D C:

AGU 107-126.

GRIGGS D T, 1939. Creep of rock. J Geol., 47: 225-251.

GUILLOT S, PECHER A, ROCHETTE P, et al., 1993. The emplacement of the Manaslu granite of Central Nepal: field and magnetic susceptibility constraints. London: Geological Society, Special Publications, 74: 413-428.

GUO Z J, ZHANG Z C, WANG J J. 1999. Sm-Nd isochron age of ophiolite along northern margin of Altun Tagh Mountains and its tectonic significance. Chinese Science Bulletin, 44 (5): 456-458.

HAILE N S, 1981. Palaeomagnetism of Southeast and East Asia//MCELIHNNY M W, VALENCIO D A. Palaeo-reconstruction of the Continents. American Geophysical Union: 129-135.

HALL R, BLUNDELL D J, 1996. Reconstructing Cenozoic SE Asia. Geological Society of London Special Publications, 106: 153-184.

HALL R, 2002. Cenozoic geological and Plate Tectonic Evolution of SE Asia and the SW Pacific: Computer Based Reconstructions, Models and Animations. Journal of Asian Earth Sciences, 20 (4): 1-431.

HALL R, 2011. Australia-SE Asia collision: plate tectonics and crustal flow. Geological Society of London Special Publications, 355 (1): 75-109.

HARRISON T M, COPELAND P, KIDD WSF, et al., 1992a. Raising Tibet. Science, 255: 1663-1670.

HARRISON T M, CHEN W J, LELOUP P H, et al., 1992b. An Early Miocene transition in deformation regime within the Red River fault zone, Yunnan, and its significance for Indo-Asia tectonics. J. Geophys. Res., 97: 7159-7182.

HARRISON T M, LELOUP P H, RYERSON F J, et al., 1996. Diachronous initiation of trans-tension along the Ailao Shan-Red River shear zone, Yunnan and Vietnam//YIN A, HARRISON T M. The Tectonic Evolution of Asia. Cambridge: Cambridge University Press: 208-226.

HILL R I, CAMPBELL I H, DAVIES G F, et al. 1992. Mantle plumes and continental tectonics. Science, 256: 186-193.

HIRTH G, TULLIS J, 1994. The brittle-plastic transition in experimentally deformed quartz aggregates. J. Geophys. Res., 99 (B6): 11731-11747.

HOFFMAN P F, 1991. Did the breakout of Laurentia turn Gondwanaland inside-out? Science, 252: 1409-1412.

HOFFMAN P F, 1999. The breakup of Rodinia, birth of Gondwana, true polar wander and snowball Earth. J. African Earth Sci., 28: 17-33.

HOLMES A, 1944. Principles of Physical Geology. London: Thomas Nelson and Sons: 1-532.

HOUSEMAN G, ENGLAND P, 1996. A lithospheric-thickening model for the Indo-Asian collision//YIN A, HARRISON T M. The Tectonic Evolution of Asia. Cambridge: Cambridge University Press: 3-17.

HSU K J, LI J, CHEN H, et al., 1990. Tectonics of South China: Key to understanding West Pacific geology. Tectonophysics, 183: 9-39.

HSU K J, PAN G T, SENGOR A M, et al., 1995. Tectonic evolution of the Tibetan Plateau: a working hypothesis based on the archipelago model of orogenesis. International Geological Review, 37: 473-508.

HUS X, ZHAO Y Y, HU Z H, et al., 1994. Mesozoic-Cenozoic tectonic-magmatism evolution of active continental margin in Eastern China. Acta Petrologica Sinica, 10 (4): 370-381.

HUANG B C, YANG Z Y, OTOFUJI Y, et al., 1999. Early Paleozoic paleomagnetic poles from the western part of the North China Block and their implications. Tectonophysics, 308: 377-402.

HUANG B C, OTOFUJI Y, YANG Z Y, et al., 2000. New Silurian and Devonian paleomagnetic results from the Hexi Corridor terrane, northwest China and their tectonic implications. Geophy. Journal Inter., 140: 132-146.

HUANG K N, OPDYKE N D, 1991. Paleomagnetism of Jurassic rocks from southwestern Sichuan and the timing of the closure of the Qinling suture. Tectonophysics, 200: 299-316.

HUANG K N, OPDYKE N D, PENG X J, et al., 1992. Paleomagnetic results from the Upper Permian of the eastern Qiangtang Terrane of Tibet and their tectonic implications. Earth Planet. Sci. Lett., 111: 1-10.

HUANG K N, OPDYKE N D, 1993. Paleomagnetic results from Cretaceous and Jurassic rocks of South and Southwest Yunnan: evidence for large clockwise rotations in the Indochina and Shan-Thai-Malay terranes. Earth Planet. Sci. Lett., 117: 507-524.

HUANG T K, 1945. On major tectonic forms of China. Geol. Memoirs. Ser. A, 20: 165.

HUNTER D R, 1981. Precambrian of the Southern Hemisphere. Amsterdam: Elsevier: 1-882.

HUTCHISON C S, TAN D N K, 2009. Geology of peninsular Malaysia. Malaysia: Published jointly by the University of Malaya and the Geological Society of Malaysia.

ISOZAKI Y, HASHIGUCHI T, AND ITAYA T, 1992. The Kurosegawa klippe: An examination. Geological Society of Japan Journal, 98: 917-941 (in Japanese with English abstract).

JAHN B M, MARTINEAU F, PERCAT J J, et al., 1986. Geochronology of the Tananao schist complex, Taiwan and its regional tectonic significance. Tectonophysics, 125: 103-124.

JOLIVET L, TAMAKI K, 1992. Neocene kinematics in the Japan Sea region and the volcanic activity of the northeast Japan arc. Proc. Ocean Drill. Program Sci. Results, 127-128: 1311-1331.

JOLIVET L, 1994. Japan Sea, opening history and mechanism: A synthesis. J Geophys. Res., 99: 22237-22259.

JURDY D M, STEFANICK M, 1991. The forces driving the plates: Constraints from kinematics and stress observations. Philos. Trans. R. Soc. London, A 337: 127-139.

KEAREY P, VINE F J, 1996. Global Tectonics. 2nd ed. Blackwell Science: 1-333.

KENT D V, XU G, HUANG K, et al., 1986. Paleomagnetism of Upper Cretaceous rocks from South China. Earth Planet. Sci. Lett., 79: 179-184.

KHAIN V E, BORHKO N A, 1996. Historical Geotectonics: Precambrian. Rotterdam: A. A. Balkema: 1-453.

KIM J, CHO M, 2003. Low-pressure metamorphism and leucogranite magmatism, northeastern Yeongnam Massif, Korea: Implication for Paleoproterozoic crustal evolution. Precambrian Res., 122: 235-251.

KIMK H , VAN DER VOO R, 1990. Jurassic and Triassic paleomagnetism of South Korea. Tectonics, 9 (4): 699-717.

KLIMETZ M P, ZHANG Z M, COLEMAN R G, 1985. An outline of the plate tectonics of China: discussion and reply. GSA Bulletin, 96 (3): 407-408.

KLOOTWIJK C T, RADHAKRISHNAMURTY, 1981. Phanerozoic paleomagnetism of the Indian plate and India-Asia collision//MCELHINNY M W, VALENCIO D A. Paleoconstruction of the Continents. Washington D C: AGU: 93-105.

KLOOTWIJK C T, CONAGHAN P J, POWELL C MCA, 1985. The Hiamlayan arc: Large-scale continental subduction, oroclinal bending and back-arc spreading. Earth Planet. Sci. Lett., 75: 167-183.

KLOOTWIJK C T, GEE J S, PEIRCE J W, et al., 1992. An early India-Asia contact: paleomagnetic constraints from Ninety east ridge, ODP leg 121. Geology, 20: 395-398.

KOJIMA S, 1989. Mesozoic terrane accretion in Northeast China, Sikhote-Alin and Japan regions. Palaeogeography, Palaeoclimatology, Palaeoecology, 69: 213-232.

KRÖNER A, GREILING R, 1984. Precambrian tectonics illustrated. Stuttgart: Schweizerbart Science Publishers: 1-419.

LALLEMAND S E, 1998. Possible interaction between mantle dynamics and high rates of arc consumption by subduction processes in circum-Pacific area//FLOWER M F J, et al., Mantle Dynamics and Plate interactions in East Asia. Washington D C: AGU: 1-10.

LE PICHON S, FRANCHETEAU J, BONIN J, 1973. Plate Tectonics. New York: Elsevier Publishing Company.

LEE, J S, 1939. The Geology of China. London: Tomas Murby & Co.: 1-528.

LEE, J S, 1947. Fundaments and methods of geological mechanics. Geological Mechanics Methods: 131-194.

LEE T Y, LAWVER L A, 1995. Cenozoic plate reconstruction of Southeast Asia. Tectonophysics, 251 (1-4): 85-138.

LI C Y. 1950. Sichuan movement and its distribution in China. Journal of Geological Society of China, 30: 1-8.

LI X H, CHEN Z G, LIU D Y, et al. 2003. Jurassic gabbro-granite-syenite suites from southern Jiangxi Province, SE China: Age, origin and tectonic significance. Int. Geol. Rev., 45: 898-921.

LI Z X, LI X H, KINNY P D, et al., 2003. Geochronology of Neoproterozoic syn-rift magmatism in the Yangtze Craton, South China and correlations with other continents: evidence for a mantle superplume that broke up Rodinia. Precambrian Research, 122 (1-4): 85-109.

LIN A M, MIYATA T, WAN T F, 1998. Tectonic characteristics of the central segment of the Tancheng-Lujiang fault zone, Shandong Peninsula, eastern China. Tectonophysics, 293 (1-2): 85-104.

LIN A M, FU B H, GUO J M, et al., 2002. Co-Seismic strike-slip and rupture length produced by the 2001 Ms. 8.1 Central Kunlun Earthquake. Science, 296 (5575): 2015-2017.

LIN J L, WATTS D R, 1988. Paleomagnetic results from the Tibetian Plateau. Philos. Trans. R. Soc. London, A 327: 239-262.

LIU B P, FENG Q L, FANG N Q, 1991. Tectonic evolution of the Paleo-Tethys in Changning-Menglian and Lancangjiang belts, Western Yunnan//Proceedings of 1st International Symposium on Gondwana Dispersion and Asian Accretion (IGCP Project 321). Beijing: Geological Publishing House: 189-192.

LIU D Y, NUTMAN A P, COMPSTON W, et al., 1992. Remnant of >3 800 Ma crust in the Chinese part of the Sino-Korean Craton. Geology, 20: 339-342.

LIU L, CHE Z C, WANG Y, et al., 1998. The evidence of Sm-Nd isochron age for the Early Paleozoic ophiolite in Mangya area, Altun Mountains. Chinese Science Bulletin, 43 (9): 754-756.

LIU S W, PAN P M, LI J H, et al., 2002. Geological and isotopic geochemical constrains on the evolution of the Fuping Complex, North China Craton. Precambrian Res., 117: 41-56.

LIU Y, YANG Z Q, WANG M, 2007. History of zircon growth in a high-pressure granulite within the Eastern Himalayan syntaxis, and tectonic implications. International Geology Review, 49: 861-872.

LIU Y J, YEH W, GE X H, et al., 2001. Laser probe $^{40}Ar/^{39}Ar$ dating of mica on the deformed rocks from Altun Fault and its tectonic implication, western China. Chinese Science Bulletin, 46 (4): 322-325.

LU C Y, YU S B, CHU H T, 1998. Neotectonics of the Taiwan mountain belt//FLOWER M F J. Mantle Dynamics and Plate interactions in East Asia. Washington D C: AGU, 27: 301-315,

LU F X, ZHU Q W, LI S T, et al. 1997. Mesozoic volcanism surrounding Songliao basin, China: implication for the relationship with evolution of basin. Journal of China University of Geosciences, 8 (1): 72-77.

MA Z J, GAO X L, 1996. Three global-scale seismo-tectonics systems and geoid. Journal of Southeast Asian Earth Sciences, 13 (3-5): 337-340.

MARSHAK S, VAN DER PLUIJM B A, HAMBURGER M, 1999. Tectonics of continental interiors. Tectonophysics, 305 (1-3): 1-408.

MARUYAMA S, SENO T, 1986. Orogeny and relative plate motions: Example of the Japanese Islands. Tectonophysics, 127: 305-329.

MARUYAMA S, ISOZAKI Y, KIMURA G, et al., 1997. Paleogeographic map of the Japanese Islands: Plate tectonic synthesis from 750 Ma to the present. Island Arc, 6: 121-142.

MATTINSON C G, WOODEN J L, LIOU J G, et al., 2006. Age and duration of eclogite-facies metamorphism, North Qaidam HP/UHP terrane, Western China. Am. J. Sci., 306: 683-711.

MARZOLI A, et al., 1999. Extensive 200-million-year-old continental flood basalts of the Central Atlantic magmatic province. Science, 284 (5414): 616-618.

MELCHER F, MEISEL T, PUHL J, et al., 2002. Petrogenesis and geotectonic setting of ultramafic rocks in the Eastern Alps: constraints from geochemistry. Lithos, 65 (1-2): 69-112.

MENZIES M A, XU Y G, 1998. Geodynamics of the North China Craton//FLOWER M F J. Mantle Dynamics and Plate interactions in East Asia. Washington D C: AGU: 155-166.

MERCIER J L, GAILHARDIS C E, SEBRIER M, 1991. Palaeo-stress determinations from fault kinematics: Application to the neotectonics of the Himalayas-Tibet and the Central Andes. Philos. Trans. R . Soc. London, A 337 (1645): 41-52.

METCALFE I, 1990. Allochthonous terrane processes in Southeast Asia. Philos. Trans. R . Soc. London, A 331: 625-640.

METCALFE I, 1991. Gondwana dispersion amalgamation and accretion of Southeast Asian terrenes: progress, problems and prospects//Proceedings of 1st International Symposium on Gondwana Dispersion and Asian Accretion (IGCP Project 321). Beijing: Geological Publishing House: 199-204.

METCALFE I, 1995. Gondwana dispersion and Asian accretion. Proceedings of the IGCP Symposium on Geology of SE Asia, Hanoi (Veitnam), XI / 1995, Journal of Geology, B5-6: 223-266.

MEYERHOFF A A, AGOCS W B, TANER I, et al., 1992. Origin of midocean ridges//CHATTERJEE S, HORTON N. New Concepts in Global Tectonics. Lubbock: Texas Tech. University Press: 151-178.

MEYERHOFF A A, TANER I, MORRIS A E L, et al., 1996. Surge tectonics: a new hypothesis of global geodynamics. Dordrecht-Boston-London: Kluwer Academic Publishers: 1-323.

MILANOVSKY E E, 1980. Problems in the tectonic development of the earth in the light of concepts on its pulsation and expansion. Rev. Geol. Dynam. Geol. Physique, 22 (1): 15-27.

MINSTER J B, JORDAN T H, 1978. Present-day plate motions. J. Geophys. Res., A, Space Physics, 83 (B11): 5331-5354.

MIZUTANI S, KOJIMA S, SHAO J A, et al., 1986. Mesozoic radiolarians from the Nadanhada area, Northeast China. Proc. Japan Acad., 62 (B): 337-340.

MOLNAR P, TAPPONNIER P, 1975. Cenozoic tectonics of Asia: effects of a continental collision. Science, 189 (4201): 419-426.

MOLNAR P, ENGLAND P, MARTINOD J, 1993. Mantle dynamics, uplift of the Tibetan Plateau and the Indian monsoon. Rev. Geophys. 34 (4): 357-396.

MOORE G W, 1989. Mesozoic and Cenozoic paleogeographic development of the Pacific region//28th International Geological Congress, Washington D C: AGU: 2-455-456.

MOORES E M, 1991. Southwest US - East Antarctic (SWEAT) connection: a hypothesis. Geology, 19 (5): 425-428.

NIU Y, 1997. Mantle melting and melt extraction processes beneath ocean ridge: Evidence from abyssal peridotites. Jour. Petrol., 38: 1047-1074.

NUTTAL J, NUTTING J, 1978. Structure and properties of heavily coldworked for metals and alloys. Met. Sci., 12: 430-437.

OBERBECK V R, MARSHALL J R, AGGARWAL H, 1993. Impact, tillites, and the breakup of Gondwanaland. Journal of Geology, 101: 1-19.

OH C W, KIM S W, CHOI S G, et al., 2005. First finding of eclogite facies metamorphic event in South Korea and its correlation with the Dabie-Sulu collision belt in China. Journal of Geology, 113: 226-232.

OH C W, 2006. A new concept on tectonic correlation between Korea, China, and Japan: histories from the Late

Proterozoic to Cretaceous. Gondwana Research, 9: 47-61.

OPDYKE N D, HUANG K, XU G, et al., 1987. Paleomagnetic results from the Silurian of the Yangtze Paraplatform. Tectonophysics, 139 (1-2): 123-132.

ORESKES N, 2001. Plate Tectonics-An Insider's History of the Modern Theory of the Earth. Boulder: Westview Press: 1-424.

OSOZAWA S, 1998. Major transform duplexing along the eastern margin of Cretaceous Eurasia//FLOWER M F J, et al. Mantle Dynamics and Plate interactions in East Asia. Washington D C: 245-257.

OTOH S, YANAI S, 1996. Mesozoic inversive wrench tectonics in Far East Asia: Examples from Korea and Japan// YIN A, HARRISON T M. The Tectonic Evolution of Asia. Cambridge: Cambridge University Press: 401-419.

PARFENOV L M, BADARCH G, BERZIN N A, et al., 2009. Summary of Northeast Asia geodynamics and tectonics. European Geosciences Union Stephan Mueller Special Publication Series 4: 11-33.

PAVONI N, 1997. Geotectonic bipolarity: evidence of bicellular convection in the Earth's mantle. S. Afr. J. Geol., 100 (4): 291-299.

PHAN C T, et al., 1991. Geology of Cambodia, Laos and Vietnam (Explanatory Note to the Geological Map of Cambodia, Laos and Vietnam at 1:1 000 000 scale). 2nd ed. Hanoi: Geological Survey of Vietnam: 1-158.

POWELL C M, CONAGHAM P J, 1973. Plate tectonics and the Himalayas. Earth and Planetary Science Letters, 20: 1-12.

POWELL C M, LI Z X, MCELHINNY M W, et al., 1993. Paleomagnetic constraints on timing of the Neoproterozoic breakup of Rodinia and the Cambrian formation of Gondwana. Geology, 21: 889-892.

PREVOT M, DERDER M E, MCWILLIAMS M, et al., 1990. Intensity of the Earth's magnetic field: evidence for a Mesozoic dipole low. Earth and Planetary Science Letters, 97: 129-139.

PRINN R G, FEGLEY B, 1987. Bolide impacts, acid rain, and bio-spheric traumas at the Cretaceous-Tertiary boundary. Earth and Planetary Science Letters, 83: 1-15.

QIAN X L, 1997. Tectonic correlation of the Precambrian evolution of the North China craton with the Baltic shield// Proc. 30th International Geological Congress. Netherlands: VSP Scientific Publisher: 43-58.

QIAN X L, LI J H, 1999. Discovery of Neoarchean unconformity and its implication for continental craton of North China. Science in China: Series D, 42 (4): 399-407.

QUINLAN G, BEAUMONT C, HALL T, 1993. Tectonic model for crustal seismic reflective patterns in compression orogens. Geology, 21 (7): 663-666.

RAMPINO M R, STOTHERS R B, 1984. Geological rhythm and cometary impacts. Sciences, 226 (4681): 1427-1431.

RAMPINO M R, STOTHERS R B, 1984. Terrestrial mass extinctions: Cometary impacts and the Sun's motion perpendicular to the galactic plane. Nature, 308 (5961): 709-712.

RAMPINO M R, STOTHERS R B, 1988. Flood basalt volcanism during the past 250 million years. Science, 241 (4866): 663-668.

RAMPINO M R, VOLK T, 1988. DMS and the K/T boundary: phytoplankton extinctions, reduction in cloud albedo, and climatic warming. Nature, 322: 63-65.

RAYMOND C A, STOCK J M, CANDIE S C, 2000. Fast Paleogene motion of the Pacific hotspots from revised global plate circuit constraints. The History and Dynamics of Global Plate Motions. Geophysical Monography, 121: 359-375.

REPLUMAZ A, KARASON H, VAN DER HILST R D, et al., 2004. 4-D evolution of SE Asia's mantle from geological reconstructions and seismic tomography. Earth and Planetary Science Letters, 221 (1-4): 103-115.

RITTS B D, BIFFI U, 2000. Magnitude of post-Middle Jurassic (Bajocian) displacement on the central Altun

Tagh fault system, Northwest China. GSA Bulletin, 112 (1): 61-74.

ROBINSON P T, BAI W J, MALPAS J, et al., 2004. Ultra-high pressure minerals in the Luobusa ophiolite, Tibet, and their tectonic implications//MALPAS J. Aspects of the Tectonic Evolution of China. London: The Geological Society, Special Publication 226: 247-272.

ROGERS JOHN J W, SANTOSH M, 2002. Configuration of Columbia, a Mesoproterozoic Supercontinent. Gondwana Research, 5 (1): 5-22.

ROYDEN L H, BURCHFIEL B C, 1997. Surface deformation and lower crustal flow in eastern Tibet. Science, 276 (5313): 788-790.

SAGONG H, CHEONG C S, KWON S T, 2003. Paleoproterozoic orogeny in South Korea: Evidence from Sm-Nd and Pb step-leaching garnet ages of Precambrian basement rocks. Precambrian Res., 122: 275-295.

SCHAERER U, ZHANG L S, TAPPONIER P, 1994. Duration of strike-slip movements in large shear zones: the Red River belt, China. Earth Planet. Sci. Lett., 126 (4): 379-397.

SCHEIDEGGER A E, 1982. Principles of Geodynamics. 3rd ed. Berlin: Springer-Verlag: 1-395.

SCOTESE C R, 1994. Continental Drift. 6th ed. The PALEOMAP Project. Arlington: University of Texas at Arlington.

SEARLE M P, 1995. Plate tectonics: the rise and fall of Tibet. Nature, 374 (6517): 17-18.

SEEBER L, ARMBRUSTER J G, QUITTMEYER R C, 1981. Seismicity and continental subduction in the Himalayan Arc//GUPTA H K, DELANY F M. Zagros Hindu Kush Himalaya Geodynamic Evolution. Washington D C: AGU: 215-242.

SENGÖR A M C, NATAL'IN B A, 1996. Paleo-tectonics of Asia: fragments of a synthesis//YIN A, HARRISON T M. The Tectonic Evolution of Asia. Cambridge: Cambridge University Press: 486-640.

SENO T, MARUYAMA S, 1984. Paleogeographic reconstruction and origin of the Philippine Sea. Tectonophysics, 102 (1-4): 53-84.

SHEN Q H, QIAN X L, 1995. Assemblages, episodes and tectonic evolution in the Archaean of China. Episodes, 18 (1-2): 44-48.

SHI G R, 2006. Marine Permian of East and NE Asia: an overview of biostratigraphy, palaeo-biogeography and implications for paleo-geography and plate tectonics. Journal of Asian Earth Sciences, 26 (3-4), 175-206.

SHU L S, FAURE M, WANG B, et al., 2008. Late Palaeozoic-Early Mesozoic geological features of South China: Response to the Indosinian collision event in Southeast Asia. Geoscience, (340): 151-165.

SHUI T, XU B T, LIANGR H, et al., 1986. Shaoxing-Jiangshan deep-seated fault zone, Zhejiang province. Chinese Science Bulletin, 31 (18): 1250-1255.

SINHA-ROY S, 1982. Hamalayan main central thrust and its implications for Himalayan inverted metamorphism. Tectonophysics, 84 (2-4): 197-224.

SIMANDJUNTAK T O, BARBER A J, 1996. Constant tectonic styles in the Neogene orogenic belts of Indonesia//HALL R, BLUNDELL D. Tectonic Evolution of Southeast Asia. Geological Society Special Publication, 106: 185-201.

SONE M, METCALFE I, 2008. Parallel Tethyan sutures in mainland Southeast Asia: New insights for Palaeo-Tethys closure and implications for the Indosinian orogeny. Comptes Rendus Geoscience, 340 (2-3): 166-179.

SONG S G, ZHANG L, NIU Y, et al., 2006. Evolution from oceanic subduction to continental collision: A case study of the Northern Tibetan Plateau inferred from geochemical and geochronological data. J. Petrol., 47: 435-455.

STEIN S, PELAYO A M, 1991. Seismological constraints on stress in the oceanic lithosphere. Phil. Trans. R Soc. Lond. A 337: 53-72.

STEPHAN J F, BLANCHET R, RANGIN C, et al., 1986. Geodynamic evolution of the Taiwan-Luzon-Mindoro belt since the Late Eocene. Tectonophysics, 125 (1-3): 245-268.

STILLE H, 1924. Grundfragen der Vergleichenden Tektonik. Berlin: Borntraeger: 1-443.

STOREY B C, KYLE P R, 1997. An active mantle mechanism for Gondwana breakup. S African. J Geology, 100 (4): 283-290.

SUGISAKI R, 1976. Chemical characteristics of volcanic rocks: relation to plate movements. Lithos, 9 (1): 17-30.

SUN Z, ZHONG Z, KEEP M, et al., 2009. 3D analogue modeling of the South China Sea: a discussion on breakup pattern. Journal of Asian Earth Sciences, 34 (4): 544-556.

TAMAKI K, SUYEHIRO K, ALLAN J, et al., 1992. Tectonic synthesis and implications of Japan Sea ODP drilling. Proc. Ocean Drill. Program Sci. Results, 127-128: 1333-1348.

TANG K D, YANZ Y, 1993. Regional metamorphism and tectonic evolution of the Inner Mongolian suture zone. J Metamorphic Geol., 11 (4): 511-522.

TAPPONNIER P, MOLNAR P, 1977. Active faulting and tectonics in China. J. Geophys. Res., 82 (20): 2905-2930.

TAPPONNIER P, MERCIER J L, PROUST F, et al., 1981. The Tibetan side of the India-Eurasia collision. Nature, 294 (5840): 405-410.

TAPPONNIER P, PELTZER G, LE DAIN A Y, et al., 1982. Propagating extrusion tectonics in Asia: New insights from simple experiments with plastic line. Geology, 10: 611-616.

TAPPONNIER P, PELTZER G, ARMIJO R, 1986. On the mechanics of the collision between India and Asia//COWARD M P, RIES A C. Collision Tectonics. Geological Society of London, London: Geological Society Special Publications, 19: 115-157.

TAPPONNIER P, LACASSIN R, LELOUP P H, et al., 1990. The Ailao Shan / Red River metamorphic belt: Tertiary left-lateral shear between Indochina and South China. Nature, 343 (6257): 431-437.

TAYLOR B, HAYES D E, 1983. Origin and history of the South China Basin//HAYES D E. The Tectonic and Geologic Evolution of Southeast Asian Seas and Islands. Washington: AGU Geophy. Monogr. 27 (Part 2): 23-56.

TENG L S, LIN A T, 2004. Cenozoic tectonics of the China continental margin: in slights from Taiwan//MALPAS J. Aspects of the Tectonic Evolution of China. London: The Geological Society, Special Publication 226: 313-332.

TRELOAR P J, REX D C, GUISE P G, et al., 1989. K-Ar and 40Ar/39Ar geochronology of the Himalayan collision in NW Pakistan: constraints on the timing of suturing, collision, deformation, metamorphism, and uplift. Tectonics, 8 (4): 881-909.

TSUJIMORI T, ISHIWATARI A, BANNO S, 2000. Eclogitic glaucophane schist from the Yunotani valley in Omi Town, the Renge metamorphic belt, the Inner Zone of southwestern Japan. J. Geol. Soc. Japan, 106 (5): 353-362.

TURCOTTE D L, SCHUBET G, 1982. Geodynamics: Applications of Continuum Physics to Geophysical Problems. New York: John Wiley & Sons: 1-450.

TUREKIAN K K, CLARK S P, 1969. Inhomogeneous accumulation of the Earth from the primitive Solar nebula. Earth Planet Sci. Lett., 6 (5): 346-348.

UNRUG R, 1996. The assembly of Gondwanaland-Scientific results of IGCP Project 288: Gondwanaland suture and mobil belts. Episodes, 19 (1-2): 11-20.

UYEDA S, KANAMORI H, 1979. Back-arc opening and the mode of subduction. J. G. R., 84: 1049-1062.

VAN DER HILST R D, WIDIYANTORO S, ENGDAHL E R, 1997. Evidence for deep mantle circulation from global tomography. Nature, 386 (6625): 578-584.

VAN DER VOO R, 1993. Paleomagnetism of the Atlantic, Tethys and Iapetus Oceans. Cambridge: Cambridge University Press: 1-273.

VAN DER VOO R, SPAKMAN W, BIGWAARD H, 1999. Tethyan subducted slabs under India. Earth Planet. Sci. Lett., 171 (1): 7-20.

WAN T F, ZHU H, 1991. Tectonic events of Late Proterozoic-Triassic in South China. Journal of Southeastern Asian Earth Sciences, 6 (2): 147-157.

WAN T F, 1994. Intraplate deformation, tectonic stress and their application for Eastern China in Meso-Cenozoic. Wuhan: Press of China University of Geosciences: 1-156.

WAN T F, ZHU H, ZHAO L, et al., 1996. Formation and Evolution of the Tancheng-Lujiang Fault Zone. Wuhan: Press of China University of Geosciences: 1-85.

WAN T F, ZENG H L, 2002. The distinctive characteristics of the Sino-Korean and the Yangtze plates. Journal of Asian Earth Sciences, 20 (8): 881-888.

WAN T F, HAO T Y, 2010. Mesozoic-Cenozoic Tectonics of the Yellow Sea and Oil-Gas Exploration. Acta Geologica Sinica, 84 (1): 77-90.

WAN T F, 2011. The Tectonics of China: Data, Maps and Evolution. Beijing: Higher Education Press and Springer: 1-501.

WAN T F, 2020. The Tectonics and Metallogenesis of Asia. Beijing: Geological Publishing House and Springer: 1-319.

WANG C S, LI XH, HU X M, et al., 2002. Latest marine horizon north of Qomolangma (Mt. Everest): Implication for closure of Tethys seaway and collision tectonics. Terra Noca., 14: 114-120.

WANGERCHIE, BURCHFIEL B C, 2000. Late Cenozoic to Holocene deformation in southwestern Sichuan and adjacent Yunnan, China, and its role in formation of the southeastern part of the Tibetan Plateau. GSA Bulletin, 112 (3): 413-423.

WANG G Z, WANG C S, 2001. Disintegration age of basement metamorphic rocks in Qiangtang, Tibet, China. Science in China: Series D, 44 (suppl.): 86-93.

WANG H Z, MO X X, 1995. An outline of the tectonic evolution of China. Episodes, 18 (1-2): 6-16.

WANG Y, LI J Y, SUN G H, 2008. Postcollisional Eastward Extrusion and Tectonic Exhumation along the Eastern Tianshan Orogen, Central Asia: Constraints from Dextral Strike-Slip Motion and $^{40}Ar/^{39}Ar$ Geochronological Evidence. Journal of Geology, 116: 599-618.

WEBB L E, HACKER B R, RATSCHBACHER L, et al., 1999. Thermo-chronologic constraints on deformation and cooling history of high-and ultrahigh-pressure rocks in the Qinling-Dabie orogen, eastern China. Tectonics, 18 (4): 621-638.

WONG W H, 1927. Crustal movements and volcanic activities of east China since Mesozoic. Journal of Geological Society of China, 6 (1): 9-36.

WENG W H. 1929. Mesozoic orogenic movement of east China. Journal of Geological Society of China, 8 (1): 33-44.

WHITE S, 1979. Difficulties associated with paleo-stress estimates. Bull. of Mineral, 102: 210-215.

WILDE S A, CAWOOD P A, WANG K Y, et al., 2004. Determining Precambrian crustal evolution in China: a case study from Wutaishan, Shanxi Province, demonstrating the application of precise SHRIMP U-Pb geochronology// MALPAS J, FLETCHER C J N, ALI J R, et al., Aspects of the Tectonic Evolution of China. London: The Geological Society, Special Publication 226: 5-26.

WILLETT S D, BEAUMONT C, 1994. Subduction of Asian lithospheric mantle beneath Tibet inferred from models of continental collision. Nature, 369 (6482): 642-645.

WILSON J T, 1963. A possible origin of the Hawaiian Island. Can. J. Physics, 41: 863-868.

WILSON J T, 1970. Continents Adrift: Readings from Scientific American. San Francisco: W H Freeman and Company.

WU C L, LI S T, CHEN S T, 1991. The statistical prediction of the vitrinite reflectance and study of the ancient geothermal field in Songliao basin, China. Journal of China University of Geosciences, 2 (1): 91-101.

WU H N, ZHU R X, BAI L X, et al., 1998. Revised apparent polar wander path of the Yangtze Block and its tectonic implications. Science in China: Series D, 41 (2): 182-194.

WU R T, GUAN B D, 1988. On the glaciogene characteristics of the Luoquan formation and its reworking by gravity flow. Acta Geologica Sinica, (1): 78-89.

XIA Z C, XU X Y, XIA L X, et al., 2005. Petrology geochemistry study for post-collision granitoid during Carboniferous-Permian in Tianshan. Northwest China. Geology, 38 (1): 1-14.

XIAO X C, LI T D, 1995. Tectonic evolution and uplift of the Qinghai-Tibet Plateau. Episodes, 18 (1-2): 31-35.

XU Z Q, 1995. Large shear zones in the main orogenic belts of China. Episodes, 18 (1-2): 41-43.

YAN G H, XU B L, MU B L, et al., 2000. Alkaline intrusion at the east foot of the Taihang-Dahinggan Mountains: Chronology, Sr, Nd and Pb isotopic characteristics and their implications. Acta Geologica Sinica, 74 (4): 774-781.

YANG J S, XU Z Q, LI Z L, et al., 2009. Discovery of an eclogite belt in Lhasa block, Tibet: A new border for Paleo-Tethys? Journal of Asian Earth Sciences, 34: 76-89.

YANG K H, 1998. A plate reconstruction of the eastern Tethyan orogen in southwestern China//FLOWER M F J. Mantle Dynamics and Plate interactions in East Asia. Washington D C: AGU Geodynamics Series 27: 269-288.

YANG Q, WANG Y J, YIN L M, et al., 2005. On the Age of the Ophiolitic Complexes in Northeastern Jiangxi: A Micropaleontological Analysis. Acta Geologica Sinica, 79 (3): 308-312.

YANG Y, SONG X D, 2020. Origin of temporal changes of inner-core seismic waves. Earth Planet. Sci. Lett., 541: 116267.

YANG Z Y, COURTILLOT V E, BESSE J, et al., 1992. Jurassic paleomagnetic constraints on the collision of the North and South China blocks. Geophysical Research Letter, 19 (6): 577-580.

YANG Z Y, CHENG Y Q, WANG H Z, 1986. The Geology of China. Oxford: Claredon Press: 1-303.

YIN A, HARRISON T M, 2000. Geologic evolution of the Himalayan-Tibetan orogen. Annual review of earth and planetary sciences, 28 (1): 211-280.

YIN Y H, WAN T F, 1996. The possibility and dynamics of a microtektite impacted the Pacific plate and caused the change of its moving direction in the end of Eocene//1995 Annual Report. The Laboratory of Lithosphere Tectonics and its Dynamics (MGMR China). Beijing: Geological Publishing House: 122-132.

YOON S, 2001. Tectonic history of the Japan Sea region and its implications for the formation of the Japan Sea. Journal of Himalayan Geology, 22 (1): 153-184.

YUAN C, SUN M, LI J L, 1999. Ages of two granite bodies and perhaps source areas in Middle Western Kunlun. Chinese Science Bulletin, 44 (5): 534-538.

ZENG H L, WAN T F, 1999. Gross differences between two isostatic gravity anomaly maps of China. Tectonophysics, 306 (2): 253-257.

ZENG H L, WAN T F, TEYSSIER C, et al., 2000. The 3-D geometry of the Linglong granitic complex from 2-D gravity forward modeling, Shandong Province, East China. Geophysics, 65 (2): 421-425.

ZHAI M G, 2004. Precambrian tectonic evolution of the North China Craton//MALPAS J. Aspects of the Tectonic Evolution of China. London: The Geological Society, Special Publication 226: 57-72.

ZHAI X M, DAY H W, HACKER B R, et al., 1998. Paleozoic metamorphism in the Qinling Orogen, Tongbai Mountains, Central China. Geology, 26 (4): 371-374.

ZHANG H F, SUN M. 2002. Geochemistry of Mesozoic basalts and mafic dikes, southeastern north China craton and tectonic implications. International Geological Review, 44: 370-382.

ZHANG J X, ZHANG Z M, XU Z Q, et al., 2000. Discovery of khondalie series from the western segment of Altun Tagh and their petrological and geochronological studies. Science in China: Series D, 43 (3): 308-316.

ZHAO G C, WILDE S A, CAWWOD P A, et al., 1998. Thermal evolution of Archaean basement rocks from the eastern part of the North China Craton and its bearing on tectonic setting. International Geological Review, 40: 706-721.

ZHAO D P, TIAN Y, 2013. Ghangbai intraplate volcanism and deep earthquakes in East Asia: a possible link? Geophysical Journal International, 195 (2): 706-724.

ZHAO W J, NELSON K D, PROJECT INDEPTH TEAM, 1993. Deep seismic reflection evidence for continental underthrusting beneath southern Tibet. Nature, 366 (6455): 557-559.

ZHAO X X, COE R S, 1987. Paleomagnetic constraints on the collision and rotation of North and South China. Nature, 327: 142-144.

ZHAO X X, COE R S, ZHOU Y X, et al., 1990. New paleomagnetic results from northern China: Collision and suturing with Siberia and Kazakhstan. Tectonophysics, 181 (1-4): 43-81.

ZHENG T Y, ZHU R X, ZHAO L, et al., 2012. Intralithospheric mantle structures recorded continental subduction. Journal of Geophysical Research: Solid Earth, 117 (B3): 1-14.

ZHENG Y D, WANG S Z, WANG Y F, 1991. An enormous thrust nappe and extensional metamorphic core complex newly discovered in Sino-Mongolian boundary area. Science in China: Series B, 34 (9): 1145-1152.

ZHONG D L, TAPPONNIER P, WU H W, et al., 1990. Large scale strike-slip fault: the major structure of intracontinental deformation after collision. Chinese Science Bulletin, 35 (4): 304-309.

ZHOU M F, YAN D P, KENNEDY A K, et al., 2002. SHRIMP U-Pb zircon geochronological and geochemical evidence for Neoproterozoic arc-magmatism along the western margin of the Yangtze Block, South China. Earth Planet. Sci. Lett., 196: 51-67.

ZHOU X M, LI W X, 2000. Origin of Late Mesozoic igneous rocks in southeastern China: implications for lithosphere subduction and underplating of mafic magmas. Tectonophysics, 326 (3-4): 269-287.

ZHU D C, MO X X, ZHAO Z D, et al., 2010. Presence of Permian extension-and arc type magmatism in Southern Tibet: Paleography implications. GSA Bulletin, 122: 979-993.

ZHU R X, TSCHU K K, 2001. Studies on Paleomagnetism and Reversals of Geomagnetic Field in China. Beijing: Science Press: 1-168.

ZOBACK M L, MAGEE M, 1991. Stress magnitudes in the crust: constraints from stress orientation and relative magnitude data. Philos. Trans. R. Soc. London, A 337 (1645): 181-194.

结 束 语

中国大陆板块在古生代及其以前时期是以很多小地块（岛屿）的状态散布在南半球的古特提斯洋中的，从古生代晚期开始，才从南半球的中低纬度海域，逐渐向北运移到北半球的中纬度地区。中国大陆所有地块都是从南半球逐渐向北运移过来的。从印支期（三叠纪）开始，中国大陆四分之三的地块完成了拼合（即印支构造事件），形成了中国大陆板块主体的雏形，并与西伯利亚板块拼接到了一起，从而初步形成了亚洲大陆（只是青藏和滇西等一些地块仍旧处在特提斯洋内）。此后，亚洲大陆受到周邻的板块在中生代以来六个地质构造时期，受到不同方向、不同强度的构造应力场作用，地块运移和挤压作用的影响下，中国大陆内部在各个时期内，都具有了不同的构造应力场，造成各具特色的、六个不同的构造变形类型，从而控制了我国各种矿产的形成和富集、地貌形态的变化以及地震、火山的活动（万天丰，2011）。这些不同地质时期形成的构造变形特征，是我国大陆所特有的，对于在中国大陆从事地质勘探的工作者来说是必需认真对待的，千万不能将它们混为一谈，或者忽视了它们的客观存在。

在古生代晚期到中生代进一步的运移和拼接过程中，中国大陆的所有地块原来都起源于南半球的特提斯洋内，后来发生了适度的转动、变形与向北运移，直到侏罗纪晚期基本定型于北半球。而青藏和滇西等地块，则是在新生代晚期受到印度板块朝北北东方向的挤压才逐渐与中国大陆主体拼接到一起的。中国中生代以来的构造应力场是在六个不同时期分别受到伊佐奈岐板块、太平洋板块、菲律宾海板块和印度洋板块等不同方向的运移、挤压，以及巨大陨石的撞击作用（Rampino and Stothers，1984）等共同作用的结果，从而在板块内部产生较强的构造变形、地震以及火山活动，与此同时控制了大量内、外生矿床的形成。

总之，自古生代以来，中国大陆板块的形成与演化过程是相当复杂的，活动性很强，这一点与欧洲、美洲、非洲和澳大利亚等许多大陆板块的构造演化特征是很不相同的，我国大陆的构造演化过程也显得更为复杂一些，各时期动力作用的来源也显然各不相同。因而，很值得我国每一位地质工作者认真关注。